DAS KULTURELLE GEDÄCHTNIS • VERLAG •
ASTV NON VI

Scoperte fatte nella luna dal Sig.r Herschell

Richard Adams Locke

—

Neueste Berichte vom Cap der guten Hoffnung über Sir John Herschel's höchst merkwürdige astronomische Entdeckungen, den Mond und seine Bewohner betreffend

NEBST KURZER UEBERSICHT EINIGER NEU ENTDECKTER UND BEOBACHTETER DOPPELSTERNE UND NEBELFLECKEN

MIT EINEM ESSAY VON

EDGAR ALLAN POE

Herausgegeben von Peter Graf

—EDITORISCHE NOTIZ—

Dem vorliegenden Buch liegt die deutsche Erstveröffentlichung mit dem Titel *Neueste Berichte vom Cap der guten Hoffnung über Sir John Herschel's höchst merkwürdige astronomische Entdeckungen, den Mond und seine Bewohner betreffend* aus dem Jahre 1836 zugrunde.

Die orthographischen Besonderheiten des Originals wurden beibehalten. Im Original verwendete Auszeichnungen und Sperrungen wurden hingegen nicht originalgetreu übernommen, sondern im Zuge der graphischen Neugestaltung dem modernen Schriftbild angepasst.

Die Grundlage des Buches bildet eine Serie von sechs Zeitungsartikeln, die ab dem 25. August 1835 in der Tageszeitung »New York Sun« erschienen ist. Aus Gründen, die sich nicht verifizieren lassen, fehlt in der deutschen Erstausgabe der letzte am 31. August 1835 in der »New York Sun« erschienene Artikel. Er wurde neu übersetzt und hinzugefügt. Neu aufgenommen und übersetzt wurde auch ein Essay von Edgar Allan Poe, der im Jahre 1848 im Magazin »Literary America« erschienen ist.

—VORWORT—

Als Junge von zehn oder elf Jahren war für mich, wenn mich meine Erinnerung nicht täuscht, die regelmäßige Lektüre des »Bertelsmann-Lexikons in zehn Bänden« ein Zeitvertreib, dem ich häufig nachgegangen bin. Nicht, um mir systematisch Wissen anzueignen, mich faszinierte vielmehr die Fülle der Themen und Einträge, die farbigen Bildtafeln, die kartographischen Zeichnungen oder die graphisch wunderbar aufbereiteten Querschnitte von Schiffsmotoren. Und über allem stand die Lust des munteren Mäanderns, das Sich-treiben-Lassen, das Hin- und Herspringen im eigentlich ordentlich von A—Z und für den Laien aufbereiteten Weltwissen.

Diese Möglichkeit abzuschweifen, ist durch die Digitalisierung in einem Maße gesteigert worden, die ich aus Unwissenheit nicht beziffern, aus Erfahrung aber irgendwo im Unendlichen verorten würde. Und bei einer dieser Exkursionen stieß ich auch auf das nun vorliegende Buch, das mich zunächst wegen seines wunderbaren Titels in seinen Bann zog. Umso begeisterter war ich, als ich es las, denn nicht nur die Lektüre des Textes selbst ist ein schöner Zeitvertreib, die dazugehörige Rezeptionsgeschichte und nicht zuletzt der damit verbundene Presseskandal sind Zutaten, die man sich besser nicht wünschen könnte. Umso verwunderlicher ist, dass Richard Adams Lockes Fiktionen seit ihrer Erstveröffentlichung in deutscher Sprache (1836) nie mehr verlegt worden sind. Ist es nur dem Makel geschuldet, dass sich seine poetischen Beschreibungen der Mondbewohner als unwahr erwiesen, als arglistige Täuschung einer Wundern gegenüber aufgeschlossenen Leserschaft? Man mag es kaum glauben.

Nun ist durch die vorliegende Publikation zumindest dieser Missstand behoben. Erhellt sind die Hintergründe dieser als »The Great Moon Hoax« in die Geschichte eingegangenen und auf ursprünglich sechs Zeitungsartikel angelegten Zeitungsente über die angebliche Entdeckung von Leben auf dem Mond damit noch nicht. Zum Teil übernimmt das der diesem Buch beigefügte Essay von Edgar Allan Poe, darüber hinaus darf es von diesem Vorwort erwartet werden. Und es wird dieser Aufgabe auch in Maßen nachkommen, wenn Sie Nachsicht üben, und sich vorab folgende Abschweifung gefallen lassen:

Zu reden ist an dieser Stelle zunächst von Franz Joseph Gall, von Ludwig Friedrich von Froriep (dessen Trauung im Übrigen 1801 von Johann Gottfried Herder vollzogen wurde) und von Friedrich von Schiller – oder genauer gesagt, von seinem Schädel – sowie von Goethe und Wilhelm von Humboldt.

1826 wurden die vermeintlichen Gebeine des 1805 verstorbenen und im Kassengewölbe des Weimarer

Jakobsfriedhofs beigesetzten Schiller auf Geheiß des Weimarer Bürgermeisters Carl Leberecht Schwabe in einer geheimen Nachtaktion geborgen.

Die Umstände zu beschreiben, wie danach der Schädel Schillers in Goethes Hände fiel, geht an dieser Stelle vielleicht zu weit, interessant ist in diesem Zusammenhang aber, dass ihn Schillers Schädel zu dem Gedicht *Bei Betrachtung von Schillers Schädel* inspirierte und dass er von diesem Gegenstande so gefesselt war, dass er sich den alleinigen Zugriff sicherte und ihn sogar, auf blauem Samt drapiert, im Gartenhaus aufbewahrte, wo er ihn stolz Wilhelm von Humboldt präsentierte.

Dieser schrieb am 29. Dezember 1826 an seine Frau:

»Heute nachmittag habe ich bei Goethe Schillers Schädel gesehen. Goethe und ich – Riemer war noch dabei – haben lange davor gesessen, und der Anblick bewegt einen gar wunderlich. Was man lebend so groß, so teilnehmend, so in Gedanken und Empfindungen bewegt vor sich gesehen hat, das liegt nun so starr und tot wie ein steinernes Bild da. Goethe hat den Kopf in seiner Verwahrung, er zeigt ihn niemand. Ich bin der einzige, der ihn bisher gesehen, und er hat mich gebeten, es nicht zu erzählen.«

Was das mit dem großen Mondschwindel zu tun hat? Nun, zum einen war es gar nicht Schillers Schädel, wie eine DNA-Analyse 2008 zweifelsfrei bewies, und zum anderen kommen an dieser Stelle

Franz Joseph Gall und Ludwig Friedrich von Froriep ins Spiel.

Gall ist der Begründer der sogenannten Phrenologie, einer, man muss es aus heutiger Sicht so sagen, Pseudowissenschaft, die einen Zusammenhang zwischen der Schädel- und Gehirnform und den Charakter- und Geistesgaben herzustellen suchte. Einer der glühendsten Verehrer Galls war Ludwig Friedrich von Froriep. Froriep war der Leiter der ärztlichen Kommission, die den Schädel aus dem Kassengewölbe als Schillers präsentierte, und er besaß eine der umfangreichsten Schädel- und Knochensammlungen seiner Zeit. Ihm wird, bewiesen ist das freilich nicht, unterstellt, dass er Schillers Schädel ausgetauscht und den vermeintlich echten seiner Sammlung einverleibt hat. Jedenfalls präsentierte sein Enkel, August von Froriep, 1911 einen zweiten aus seines Großvaters Sammlung stammenden als den echten, der dann aber ebenfalls durch die bereits erwähnte DNA-Analyse als falsch deklariert wurde, aber dennoch als Froriep-Schädel Berühmtheit erlangte.

Ansonsten war Ludwig Friedrich von Froriep dem Vernehmen nach ein aufrichtiger und den Wissenschaften zugeneigter Zeitgenosse. Er ist der Herausgeber eines hoch angesehenen Jahrbuchs gewesen, das unter dem Titel *Notizen aus dem Gebiete der Natur- und Heilkunde* Aufklärung betrieb. Im Band 46 erschien im Jahre 1835 folgender Artikel:

FINGIRTE WUNDERBARE ENTDECKUNGEN IN BEZIEHUNG AUF DIE OBERFLÄCHE DES MONDES

»Die No. 3510 vom 31. Aug. d. J. der *New York Evening Post* welche vor uns liegt, enthält angeblich aus einem Supplement des *Edinburgh Journal of Science* entlehnt, einen sehr ausführlichen und auf den ersten Anblick ganz ernsthaft abgefaßten Artikel, überschrieben: *Große astronomische Entdeckungen, die unlängst von Sir John Herschell auf dem Vorgebirge der guten Hoffnung gemacht wurden.* Diese Entdeckungen, welche eben so wenig Wirklichkeit haben als das Supplement, aus dem sie entlehnt seyn sollen, machen uns mit den kleinsten Details der Mondoberfläche bekannt, so daß die Gruithuisenschen Beobachtungen dagegen nur noch als dunkle Ahnungen erscheinen.

Wir erfahren unter andern, daß die menschenähnlichen Mondbewohner Fledermausflügel haben, über und über, ausgenommen im Gesicht, mit glänzend kupferrothem Haar bewachsen sind, und übrigens in der Gestalt zwischen dem Erdmenschen und dem Orangutang ziemlich die Mitte halten.

Daß sie der Sprache theilhaftig sind, ergab sich aus ihrem Benehmen gegeneinander und ihre Fortschritte in den Wissenschaften und Künsten werden durch einen prächtigen Tempel beurkundet, dessen Baustyl höchst eigenthümlich ist und auf dessen Kuppel sich eine goldene von Flammen umgebene Kugel befindet – wahrscheinlich ein Symbol des künftigen Weltunterganges. Unter den vierfüßigen Thieren war kein irdisches außer dem Schaafe aufzufinden, die übrigen hatten sämmtlich an der Stirn ein schirmförmiges Anhängsel. An Vögeln wurden unter andern wilde Tauben beobachtet.

Der Reichthum des Mineralreichs ist unbeschreiblich; viele Bände von *Tausend und einer Nacht* und Zauber-Romane könnten mit dem Mond-Gold und Edelsteinen gefüllt werden. Der verhältnißmäßig äußerst einfache Apparat, durch den die Anschauung aller dieser Wunder ermöglicht wurde, der aber doch gegen 70,000 Pf. St. zu stehen kam, und, unter Beobachtung des tiefsten Geheimnisses, großentheils auf Kosten des Königs von England angefertigt wurde, bestand der Hauptsache nach in einem achromatischen Objectivglase von 24 F. Durchm. und 14,826 Pf. Schwere, das 42,000 mal vergrößerte und Gegenstände von 18 Zoll Länge auf der Mondoberfläche sichtbar machte, wenn das Bild, wie beim Oryhydrogenmikroscop die Gegenstände, künstlich beleuchtet wurde. Es hieße die Geduld der Leser erschöpfen, wenn von dieser plumpen und hämischen Satyre auf so verdienstvolle Männer wie Sir Dav. Brewster und Sir John Herschell mehr mitgetheilt würde, als zu einer allgemeinen Kenntniß und Beurtheilung derselben nöthig ist, und es ist kaum zu begreifen, wie die *Evening Post* derselben in No. 3510 gegen 7 mit Perlschrift gedruckte Spalten ihres Riesenformats widmen und noch Fortsetzungen des Artikels zusagen kann.«

Richard Adams Locke war also auch hierzulande der Lüge bezichtigt. Aber es mag einen gegeben haben, der ihm dennoch Glauben schenkte, der bereits eben erwähnte, aus Bayern stammende Arzt und Astronom Franz von Paula Gruithuisen, der 1824 mit seiner Abhandlung *»Entdeckung vieler deutlichen Spuren der Mondbewohner, besonders eines collossalen Kunstgebäudes derselben«* in Wissenschaftskreisen für Aufsehen sorgte. Seine zumindest seinerzeit nicht eindeutig zu wiederlegenden Forschungsergebnisse waren der Fantasie Lockes nicht unähnlich. Zwar stieß er bei seinen Beobachtungen nicht auf Fledermaus-Menschen, aber Mondbewohner machte auch er aus.

Sein Bericht beginnt mit den Worten:

»Es ist hier der Ort nicht, sich weder mit dem trägen Scepticismus, noch mit irgend einer lahmen vermeintlichen Speculation einzulassen, da es ja doch gewiß ist, daß, wenn wir auch ewiglich nicht die Mondthiere durch Fernröhre sehen werden, dieses noch nicht beweise, daß es dergleichen nicht gebe und daß es unsinnig wäre, sie zu läugnen, nachdem wir überzeugt sind, wie luxuriös auf der Erde die

Thierheit ausgestreuet ist; daß sie von Pol zu Pol angetroffen werden kann, daß sie in den gemäßigten Himmelsstrichen keinem Fels und keinem stehenden Wässerchen fehlt.«

Und er fährt fort:

»Ich sehe mit meinam 5füßigen Fraunhofer'schen Fernrohre, welches vier Zoll Oeffung hat, fast in allen sogenannten Meeren, Seen, Sümpfen und dunklern Ebenen bestimmte Einfurchungen, davon sich dreierlei Arten unterscheiden lassen. (...)

Dem Augenmaße zufolge, haben die Furchen der letztern, dritten Art eine Tiefe, die von dreißig bis achtzig Fuß wechselt, und sie sind gewöhnlich, an den dunkelsten und tiefsten Stellen, welche nicht selten den holländischen Polders ähneln, auch am tiefsten, und verlieren allmälig alle Tiefe, so wie sie bergan steigen, welche aber wieder erscheint, sobald die Furche neuerdings in die Tiefe kommt und darin fortläuft.

Wenn man nun betrachtet, daß diese Furchungen überall an gewissen Orte, z. B. zu Anhöhen, zu Meeren, ja von Berg zu Berg, und von Meer zu Meer führen, daß sie auf die Art wie unsere Canäle angelegt sind, und daß sie nach allen Umständen nichts Anderes seyn können, als was man bei uns Geräumte (Wald-Alleen) nennt, so bleibt uns Nichts übrig, als anzunehmen, daß sie durch thierische Wesen, wenigstens von so hoher Stufe hervorgebracht sind, daß sie dabei in allen Gegenden, welche sie zu bereisen gezwungen waren, sich haben orientiren können.

Vorausgesetzt also, diese Geräumte seyen von bloßen Thieren hervorgebracht, so müssen sie nicht allein von pflanzenfressender, sondern auch von gigantischer Art seyn, so, daß sie ganze Aeste und junge Bäume abreissen und verzehren; wie dieses die nordamerikanischen Wilden von dem großen Schwein, welches, ihrer Beschreibung nach, nur unser Mammuth gewesen seyn konnte, traditionell aussagen. (...)

Die Spuren animalischer Wesen gehen auf dem Monde von 50° nördlicher Breite bis 37°, vielleicht bis 47° südlicher Breite.

(...) Auch die Thiere bringen, wenn sie in großer Zahl immerfort denselben Weg wandeln, gewisse Straßen zu Stande, so z. B. die Ameisen, so das Hornvieh in den Wäldern, besonders in den gebirgigen; allein die Richtung derselben richtet sich genau nach der Leichtigkeit der Wanderschaft im Anfange, so daß jedes Hinderniß, das umgangen werden muß, die Richtung plötzlich abändert. Selbst die Menschen bilden durch Gehen in Wäldern und Gebirgen ganz unregelmäßig und vielartig gekrümmte Fußsteige, und selbst im ebenen Lande weichen sie den geringsten Hindernissen (einem Acker, einem Sumpf, einem Hügelchen, einem tiefem Grase, einem Sandboden) aus. Thiere werden daher um so weniger ganz gerade Straßen anlegen, oder werden ihre Wandersteige nie in sanften regelmäßigen Bogenkrümmungen fortführen. (...)

Daß man sich bei Anlegung gerader, durch große Waldgegenden gerader Straßen bewußt seyn müsse, daß unter allen Wegen zwischen zwei Punkten der gerade der kürzeste ist und daß man nur auf geraden Geräumten die weiteste Aussicht hat, setzen Zweckvorstellungen voraus: die bei Thieren nie zur Klarheit kommen. (...)

Es war am 12. Julius Morgens nach halb vier Uhr, im Jahre 1822, als kurz nach dem letzten Viertel die Lichtgränze über den westlichen Rand des Clavius, des Mondflecken Schröters und des Newton (Schr.) gieng, da ich zum erstenmale in der westlichen Hälfte des oben erwähnten dunkeln Mondflecken Schröters mit 90maliger Vergrößerung meines ausnehmend guten Frauenofer'schen Tubus von 29 Linien Oeffnung und 30 Zoll Brennweite sah, was Schröter und Herschel mit ihren Riesenteleskopen nicht gesehen haben.«

Was er sah, war neben den bereits erwähnten Straßen, ein kolossales Mondbauwerk, das er mit den Pyramiden verglich und als Tempel klassifizierte.

»Unser sternähnliches Gebilde scheint also eine Art Tempel, und, weil er sternförmig angelegt ist, vielleicht dem Sterndienste geweiht zu seyn; mag dieses um so wahrscheinlicher folgen, als man dort, wegen Reinheit der Luft, am hellen Tage die Sterne leicht sehen kann.«

Gruithuisens Frauenofer'sches Fernrohr war exzellent, aber nicht gut genug, um die Mondbewohner tatsächlich vor die Linse zu bekommen. Gleichwohl stellte er ziemlich konkrete Überlegungen an, wie der Alltag dieser Wesen wohl aussah, und durchaus besorgt klingt er, wenn er die schwierigen Lebensbedingungen beschreibt, die die Mondbewohner einerseits dazu nötigen, ihre Wohnungen im Mondinneren anzulegen und die andererseits von ihnen besondere Vorsicht verlangen, wenn sie sich dann doch mal auf die Mondoberfläche wagen:

»Der Mondbewohner hat nichts stärker zu scheuen, als einen kalten, wenn auch gleich noch so sanften Wind, der ihm seine Abende eher rauh und kalt macht, und auch seine Morgen gar sehr verbittert, wenn diese anfangen warm und angenehm zu werden; um so mehr, da die Mondluft so dünne und so sehr wärmeleitend ist. Orte also, die diesen Wind abhalten, werden die angenehmsten seyn; und so kommt es, daß auch die kleinen Ringgebirge nicht undeutliche Spuren von Bewohntheit in ihrem Innern tragen; wovon nachher noch Mehreres vorkommen wird. Deshalb können wir wohl vermuthen, es sey aus dieser Ursache jener schiefe Wall angelegt worden.«

Franz von Paula Gruithuisen war, wenn man seinen Worten trauen darf, durchaus verstört von seinen Beobachtungen. Er mag sich auch vor seinen Kritikern gefürchtet haben, aber man möchte ihm glauben, wenn er schreibt:

»Daß ich keineswegs gesucht habe, was ich hier fand, kann ich durch meine Beobachtungsbücher beweisen, und ehe ich die sechs Quartanten registrierte, wußte

ich selbst nicht einmal, wie viel Wichtiges über die Spuren der Seleniten bereits beobachtet ist, weil das Gedächtniß nach Jahren über die Millionen anderer wissenschaftlicher Sachen hievon sehr vieles wieder fallen läßt. Einzig das große Kunstwerk im Mondflecken Schröter machte, daß ich an diese Arbeit gieng; denn zeither suchte ich bloß selenognostische Thatsachen.

Die Ehre einer solchen Entdeckung habe ich mir also nie durch Mühe erringen wollen. Sie wurde gefunden.«

Leider, ist man versucht zu sagen, ist das Leben auf dem Mond nicht so üppig, wie Gruithuisen es zu sehen glaubte. Der Wunsch war Vater des Gedankens, und man mag heute auch darüber schmunzeln, doch mit seinen »kosmischen Reisen« steht er in einer langen Tradition. Im vierten vorchristlichen Jahrhundert schrieb beispielsweise der Philosoph Metrodorus: *»Anzunehmen, die Erde sei der einzig bewohnte Himmelskörper im All, ist so absurd wie der Gedanke, daß auf einem mit Weizen besäten Feld nur ein einziges Saatkorn aufgeht.«*

Die Einmaligkeit menschlicher Intelligenz wurde schon immer infrage gestellt. Und mit den Entdeckungen von Nikolaus Kopernikus und Galileo Galilei ließ sich zu Beginn der Neuzeit auch das geozentrische Weltbild nicht mehr aufrecht erhalten. Die Erde war nicht mehr der Mittelpunkt aller Himmelsbewegungen, auch wenn von katholischer Seite alles unternommen wurde, die Geozentrik zu verteidigen. Giordano Bruno schuf 1584 mit seiner Schrift *De l'Infinito, Universo e Mondi* (Über die Unendlichkeit, das Universum und die Welten) die Grundlagen der modernen Kosmologie. Bruno glaubte an die Unendlichkeit des Weltalls und daran, dass es unendlich viele Lebewesen auf anderen Planeten des Universums gab, und er durchmaß »mit den Flügeln des Geistes« den Weltraum und dachte beispielsweise darüber nach, wie die Erde vom Mond aus betrachtet wohl aussah. Im Jahr 1600 wurde er wegen Häresie von der Inquisition hingerichtet.

Einige Jahre bevor ihn dieses Schicksal ereilte, spottete er über seine Kritiker:

O heil'ges Eseltum! O heilige Ignoranz!
O heil'ge Dummheit! Heilige Frömmelei!
Dir schafft die Seligkeit ein Eselschwanz,
doch Wissenschaft gilt dir als Teufelei!

Was frommt es auch, der fernen Sterne Glanz
zu prüfen oder in der Bücherei
zu grübeln über der Planeten Tanz,
das Denken bricht ja nur den Kopf entzwei!

Was nützt euch, Denkern, alles Spekulieren?
Ihr dringt nicht in das Herz der Mücke ein
und möchtet Mond und Sonne visitieren?
Vergeblich sucht ihr stets der Weisen Stein.

Kniet lieber hin und faltet fromm die Hände!
Denn die Vernunft ist eine Satansdirne;

drum betet, daß Gott euch den Frieden sende,
der sonder Zweifel wohnt im frommen Eselshirne.

(Die Kabbala des Pegasus: Sonett zum Lobe des Esels, 1585)

Richard Adams Locke hat mit den »Flügeln der Fiktion« den Erdtrabanten zu einem wunderlichen Ort gemacht, der, wenn auch nur für kurze Zeit, von vielen – von sehr vielen Lesern – geglaubt wurde. Er endete nicht auf dem Scheiterhaufen, sondern verlor, wie in der Moderne in diesen Fällen vorgesehen, seine Anstellung und an Ansehen, und auch an Hohn und Spott wird es nicht gemangelt haben. In einem ist er vielen seiner Zeitgenossen aber voraus. Der Mondschwindel hat ihn in gewisser Weise unsterblich gemacht und er hat Mediengeschichte geschrieben.

Alles, was ich darüber hinaus über die Hintergründe des »Great Moon Hoax« und über das Leben von Richard Adams Locke weiß, sind zusammengetragene Fakten aus zweiter, dritter, vierter Hand. Sie hier zu referieren, wäre ebenso langweilig wie unaufrichtig. Ich möchte Ihnen – wenn Sie darüber mehr erfahren möchten – auf das 2008 in New York (Basic Books) unter dem Titel *The Sun and the Moon* erschienene Buch von Matthew Goodman aufmerksam machen.

Der Astronom Sir John Frederick William Herschel, dessen angebliche Entdeckungen Richard Adams Locke in seinen Zeitungsartikeln beschrieb, soll, so ist es überliefert, herzlich gelacht haben, als er durch den Jamaikaner Caleb Weeks – der in New York eine Tiershow betrieb und in Südafrika Tiere erwerben wollte – von der Zeitungsente erfuhr. Dem Ansehen Herschels hat dieser mit seinem Namen verbundene Schwindel nicht geschadet. Er wurde 1871 während eines Staatsaktes in der Westminster Abbey neben Charles Darwin und Sir Isaac Newton beerdigt.

Der »Sun« erging es in etwa wie dem Nachrichtenmagazin »stern«, das ab dem 28. April 1983 die Hitler-Tagebücher veröffentlichte.

Einem sprunghaften Anstieg der Auflage folgte der tiefe Fall. Nicht überliefert ist, ob sich der »stern« dabei ebenfalls von Richard Adams Locke inspirieren ließ. Jener lancierte nämlich im Jahr 1838, er arbeitete nun für die »New Era«, eine weitere Zeitungsente. Er behauptete, die verschollenen Tagebücher des 1806 verstorbenen Afrikareisenden Mungo Parks gefunden zu haben. Eine Sensation, die ihm aber niemand mehr abnahm.

Aber ich schweife schon wieder ab, eigentlich wollte ich damit schließen, Ihnen im besten Wortsinn ein paar fantastische Stunden mit diesen höchst merkwürdigen astronomischen Entdeckungen, den Mond und seine Bewohner betreffend zu wünschen.

Peter Graf, Berlin im Frühjahr 2017

—VORREDE—

Die hier dargebotenen Berichte über die ausserordentlichen Resultate der Herschel'schen astronomischen Beobachtungen auf dem Vorgebirge der guten Hoffnung entnehmen wir der 36sten Nummer des *London and Edinburgh philosophical Magazine and Journal of Science* und einem dazu gehörigen Supplementhefte, dessen Benutzung uns jedoch nicht zugänglich war, daher ein Wiederabdruck desselben in No. 615 bis 619 der Zeitung »The Sun« von 1835 dieser Uebersetzung vorliegt.

Um den in der Astronomie nicht bewanderten Leser mit dem gegenwärtigen Standpunkt der populairen Ansichten vom Monde näher bekannt zu machen, fügen wir den in der beliebten Brockhaus'schen Encyklopädie enthaltenen Artikel über diesen interessanten Weltkörper hier wörtlich an.

»Der Mond, dieser treue Begleiter der Erde, bewegt sich binnen einem Monat (s. d.) um die Erde, und binnen 12⅔ solcher Umläufe oder einem Jahre, sammt der Erde, um die Sonne. Die Geschwindigkeit, mit welcher er um die Erde läuft, ist nur etwa der 30. Theil jener, womit die Erde und mit ihr der Mond sich jährlich um die Sonne bewegt. Diese doppelte Bewegung des Mondes ist sehr zusammengesetzt, da seine Bahn nicht wie jene der Erde ein einfacher Kreis ist, sondern einer in 12—13 Knoten geschlungenen Schnur gleicht, welche Knoten aber selbst nach Millionen Jahren nie wieder auf dieselben Punkte jener Schnur zurückfallen. Diese Lage des Mondes, welcher der Erde sehr nahe, doch auch von der

Sonne nicht zu weit entfernt, der Anziehung beider Körper unterworfen ist, veranlaßt eine Menge Störungen, welche die Berechnung seiner Bahn ungemein erschweren. Wäre die Sonne in der That unendlich weit von uns entfernt, so würde sie auf Erde und Mond auf eine gleiche Weise wirken und könnte die relative Bewegung der beiden Himmelskörper nicht ändern. Da aber die Entfernung der Sonne, so groß sie auch ist, gegen die Entfernung des Mondes von der Erde noch nicht als unendlich groß betrachtet werden kann, so ist der Mond bald mehr bald weniger von der Sonne entfernt als die Erde, woraus dann folgt, daß die Sonne stets mit veränderlicher Kraft und unter veränderlichen Winkeln auf diese beiden Körper wirkt, wodurch Ungleichheiten in der Bewegung veranlaßt werden, die von den verschiedenen Lagen abhängen, welche Mond und Sonne nach und nach gegeneinander annehmen. Ohne auf die absolute Lage des Mondes Rücksicht zu nehmen, bemerkt man schon in der bloßen Geschwindigkeit desselben, in der stündlichen Änderung seiner Lage, eine Ausnahme von jener regelmäßigen Geschwindigkeit, welche er nach dem Gesetze der reinen elliptischen Bewegung haben sollte. – Die wahre Geschwindigkeit des Mondes wird nämlich nach den Beobachtungen immer größer, je näher der Mond selbst den Syzygien (dem Neu- und Vollmonde) kömmt.

In diesen Punkten seiner Bahn selbst erreicht sie ihren größten, sowie in den beiden Quadraturen ihren kleinsten Werth. Auch die Entfernungen des Mondes von der Erde sind nicht mit der Theorie der reinen elliptischen Bewegung übereinstimmend, denn nach den Beobachtungen sind diese Entfernungen in den Syzygien immer kleiner und in den Quadraturen größer als sie sein sollen. Die meisten Störungen beziehen sich aber auf die Länge, und unter ihnen ist die unter dem Namen der Evection bekannte die größte. Außer dieser großen Störung der Länge bemerkte man noch eine andere, die in den Syzygien und Quadraturen verschwindet, in der Mitte zwischen diesen Punkten aber, in den Octanten, ihren größten Werth von 2.142" erhält. Man nennt sie die Variation. Endlich bemerkte man noch eine neue beträchtliche Ungleichheit des Mondes, indem man die Beobachtungen in den verschiedenen Jahreszeiten verglich. Man fand nämlich, daß die beobachtete Länge des Mondes während der sechs Monate, welche die Sonne braucht, von der Erdnähe in die Erdferne zu kommen, immer kleiner, in den andern sechs Monaten aber größer als die berechnete war. Und der größte Werth dieser Differenz stieg bis auf 671". Diese Ungleichheit, deren Periode also ein Jahr ist, nennt man die jährliche Gleichung.

Sie und die Variation wurden von Tycho Brahe aus eignen Beobachtungen entdeckt. Nebst diesen Störungen des Mondes in seiner Bahn gibt es noch viele andere Störungen desselben, die aber viel zu klein sind, um durch Beobachtungen entdeckt zu werden, und nur dann genauer bestimmt werden können, wenn die Theorie darauf aufmerksam gemacht und die günstigsten Zeitpunkte zu ihrer Beobachtung kennen gelehrt hat. Merkwürdig ist, daß der Mond durch diese Störungen uns Mittel an die Hand gibt, das ganze Sonnensystem auszumessen, ohne uns selbst von der Stelle zu rühren.

So befindet sich unter seinen Störungen eine, welche von der Sonnenparallaxe abhängig ist und aus der daher mittels genauer Mondbeobachtungen die Parallaxe der Sonne, das wichtigste Element der Astronomie, abgeleitet werden kann. Wirklich fand auch schon Tob. Mayer auf diese Art die Sonnenparallaxe = 7."8, also genauer als man sie früher kannte, und der Wahrheit ziemlich nahe. Eine andere Störungsgleichung schließt die Abplattung der Erde in sich, und aus ihr fand man die Abplattung der Erde 1/305, also beinahe dasselbe, was die besten Gradmessungen geben. Sowie also die beständig kreisförmige Form des Erdschattens auf dem Monde, bei Mondfinsternissen, die kugelförmige Gestalt der Erde kennen lehrte, so lehrt uns die erweiterte Theorie des Mondes diese Gestalt genauer bestimmen. Endlich ist auch noch einer Störung des Mondes zu gedenken; diese bezieht sich auf die mittlere Bewegung desselben. Die Vergleichung der neuern Beobachtungen mit den ältesten dieser Gattung hat das auffallende Resultat gegeben, daß die mittlere Bewegung des Mondes um die Erde immer schneller, seine Umlaufszeit um die Erde daher immer kürzer werde.

Diese Erscheinung war erwiesen, und man erschöpfte sich in allerhand Vermuthungen über die Ursache derselben. Diese mag nun sein welche sie wolle, sehr traurig wäre es für die Erde, wenn die Geschwindigkeit der Bewegung des Mondes immer zunehmen und die Umwälzungszeit um die Erde immer kürzer werden sollte, weil dann ein Zusammenstürzen mit der Erde nur die einzige Folge sein könnte. Allein auch hier war es wieder die Theorie, welche zeigte, daß diese Zunahme der Geschwindigkeit auch nur eine periodische Störung sei, und daß die Geschwindigkeit des Mondes in seiner Bahn nach einer Anzahl von Jahren wieder abnehmen werde. Aus diesem Allen geht hervor, wie schwer es ist, Tafeln zu entwerfen, aus denen sich der Ort des Mondes mit Genauigkeit berechnen ließe. Da aber solche für die Schifffahrt zur Bestimmung der geographischen Länge von größtem Nutzen sind, so haben das engl. Parlament und später die franz. Akademie auf die Berechnung solcher Tafeln große Preise ausgesetzt, deren erster von Tob. Mayer, der andere aber von Burckhardt und Bürg gewonnen wurde. In der neuesten Zeit hat Damoiseau Tafeln herausgegeben, die sich blos auf die Theorie gründen. Allein alle diese Tafeln stimmen mit den Erscheinungen am Himmel bei weitem nicht so überein, wie dieses bei den andern Planeten der Fall ist.

»Schon wenn wir den Mond mit freien Augen betrachten, sehen wir auf ihm hellere und dunklere Theile, und da wir immer nur dieselben Flecken erblicken, so reicht dieses schon hin, zu bestimmen, daß uns der Mond, eine kleine Ungleichheit abgerechnet, stets nur eine und dieselbe Seite zukehrt. Aus diesem folgt aber unmittelbar, daß sich der Mond um seine Achse dreht, und zwar in derselben Zeit, in welcher er seinen Umlauf um die Erde vollendet, d. i. in beinahe 29 unserer Tage.« Dieser an sich so einfache und einleuchtende Satz hat einen heftigen Streit unter zweien der gelehrtesten Naturforscher veranlaßt. Man kann sich aber von seiner Richtigkeit auf folgende Art überzeugen. Man setze einen Stuhl mitten in ein Zimmer, und stelle sich so, daß, indem man den Stuhl ansieht, man mit dem Rücken gegen ein Fenster gekehrt ist. Fängt man nun an, indem man jedoch dem Stuhle nie das Gesicht abwendet, im Kreise um denselben herumzugehen, so wird man nach vollbrachtem halben Wege mit dem Gesichte auch gegen das Fenster gekehrt sein, folglich in Beziehung auf die erste Stellung sich zur Hälfte um seine eigne Achse gedreht haben, woraus ersichtlich wird, daß man in derselben Zeit, die man braucht, um seinen Umlauf mit unverwandtem Gesichte um den Stuhl zu vollenden, sich einmal um die Achse drehen muß. Dasselbe ist beim Monde der Fall.

Wenn es nun gleich im Allgemeinen wahr ist, daß uns der Mond immer dieselbe Seite zukehrt, so hat man doch wahrgenommen, daß sich diese der Erde zugekehrte Seite periodisch etwas verrückt, weil die in ihrer Mitte sichtbaren dunklern Flecken bald mehr nordwärts, bald mehr südl., auch mehr östl. und westl. treten. Diese Erscheinung nennt man das Wanken des Mondes oder die Libration in der Breite und in der Länge. Dasselbe hat seinen Grund in der gleichförmigen Achsendrehung und ungleichförmigen Geschwindigkeit des Mondes in seiner Bahn; weswegen wir uns bald mehr westl., bald mehr östl. von ihm befinden, als dieses der mittleren Bewegung zufolge sein sollte.

»Der wahre Durchmesser des Mondes beträgt 480 geogr. Meilen, und sein Inhalt 58⅓ Millionen Cubikmeilen. Er ist daher 50mal kleiner als die Erde. Die Oberfläche des Mondes, welche 727.600 □M. beträgt, ist beinahe doppelt so groß als die des russ. Reiches. Die größte Entfernung des Mondes von der Erde ist beinahe gleich 55.000 und seine kleinste 48.000 M.; was im Vergleich gegen die 20 Mill. M. entfernte Sonne und noch weitern Planeten eine sehr geringe Entfernung ist. Ebendeshalb bietet uns die Oberfläche des Mondes Erscheinungen dar, die wir an keinem andern Himmelskörper zu beobachten Gelegenheit haben. Schon der erste Anblick des Mondes, auch nur durch ein schwaches Fernrohr, zeigt uns, daß seine Oberfläche mit Flecken aller Art übersäet ist. Diesen Mondflecken hat man der Bequemlichkeit und deutlichern Verständigung wegen verschiedene Namen beigelegt. Hevel gab zuerst auf seiner umständlichen Mondeskarte denselben die Namen unserer Länder und Meere u. s. w. Die spätern Astronomen wollten jedoch damit nicht zufrieden sein, und ein span. Astronom suchte sie durch die Namen der Heiligen zu ersetzen, während Riccioli die besten Philosophen, an deren Spitze er sich selbst stellte, dazu vorschlug und, durch Zufall begünstigt, auch den Sieg davon trug, obschon Hevel's Vorschlag viel mehr für sich hatte. Gute Fernröhre lassen uns nämlich die hellern Flecken deutlich als

Berge erkennen und zeigen uns sogar auch ihren Schatten, der immer auf der der Sonne entgegengesetzten Seite steht, und desto länger ist, je niedriger die Sonne für jene Berge steht, und beim Vollmonde beinahe ganz verschwindet, wo die Sonne über ihren Gipfeln steht. Das Auffallendste bei diesen Gebirgen ist ihre größe Höhe; viele übertreffen selbst die höchsten Berge unserer Erde. Es gibt Berge in dem Monde, deren Höhe über 26.000 F. beträgt. Diese Mondgebirge sind nicht alle von gleicher Art. Man kann sie in zusammenhängende Bergadern und in isolirte Ringgebirge eintheilen. Bei den Bergadern erhebt sich ein Bergrücken weit über die Oberfläche des Mondes, und von ihm dehnen sich nach allen Seiten ganze Reihen Gebirge in die Ebene herab. Die Ringgebirge haben meist die Gestalt von Kreisen, von kreisförmigen ausgetrockneten Deichen, und sind rings mit einem erhabenen Walle umgeben, während ihre innere ebene, oft bedeutend große Fläche in ihrer Mitte gewöhnlich einen isolirten kegelförmigen Berg trägt. Vorzüglich merkwürdig scheinen die Ringgebirge zu sein, da man schon bei dem ersten Anblicke kaum zweifeln kann, daß sie vulkanischen Ursprunges sind. Da der größte Theil dieser Gebirge eine durchaus gleichförmige und regelmäßige Form hat, so scheinen sie auch eines gemeinschaftlichen Ursprungs und dic Folgc cincr großen Katastrophe zu sein, welche sich zu derselben Zeit über die ganze Oberfläche ausgebreitet hat. Übrigens scheinen Ursachen ähnlicher Revolutionen noch jetzt im Monde zu herrschen. Wasser, wenigstens größere Gewässer, scheint es auf dem Monde nicht zu geben, denn Schröter konnte auch nicht die kleinste ebene Stelle auf der Oberfläche des Mondes finden. Ebenso scheint der Mond gar keine oder wenigstens eine sehr dünne Atmosphäre zu haben, weil Fixsterne, die seinem Rande sehr nahe kommen und endlich hinter ihm verschwinden, bis auf den letzten Augenblick im Lichte ungeschwächt bleiben. Dieses steht auch mit dem Mangel der Meere und Flüsse sehr gut im Einklange.

»Die Achse des Mondes steht beinahe senkrecht auf der Ebene der Mondsbahn, sodaß der Mond mit der Ekliptik den sehr kleinen Winkel von 1° 30' bildet. Da aber der Wechsel der Jahreszeiten von jenem Winkel abhängt und dieser bei dem Monde beinahe verschwindet, so folgt, daß auf dem Monde kein Wechsel der Jahreszeiten statthat. Die Bewohner des Mondes, die beinahe am Aequator sind, haben die Sonne immer im Zenith, sowie die Bewohner der beiden Pole sie immer im Horizonte sehen; dort herrscht eine ewige Alles versengende Hitze, und hier eine immerwährende Alles erstarrende Kälte. Nicht weniger sonderbar sind auch die Tageszeiten auf dem Monde, wo der Tag, der Nacht stets gleich, 14¾ unserer Tage dauert. Auch der Anblick des gestirnten Himmels ist auf dem Monde von dem verschieden, den wir genießen. Die Bewohner des Mondes sehen Sonne und Gestirne nicht wie wir alle 24 Stunden, sondern nur, mit Ausnahme unserer Erde, alle 29 Tage einmal auf- und untergehen. Letztere erscheint ihnen 13mal größer als die Sonne in einem bläulichen Lichte, stets unbeweglich, den Bewohnern der Mitte im Scheitel, jenen der Pole im Horizonte stehend, und ändert nur wenig durch ein scheinbares Hin- und Herschwanken ihre Ruhe. Die Bewohner der uns abgewendeten Seite aber müssen dieses Schauspiels entbehren, sowie auch der Beleuchtung, welche die Erde der begünstigten Seite des Mondes gewährt.

Dafür gewährt ihnen aber der Anblick des Fixsternhimmels, dessen Glanz wegen der schwachen Atmosphäre viel größer als bei uns sein muß, einen desto herrlichern Anblick. Der erwähnte Mangel der Atmosphäre, der Gewässer, der Jahreszeiten u. s. w. muß auf das vegetabilische und animalische Leben der Bewohner des Mondes Einflüsse äußern, von denen wir uns keine angemessene Vorstellung machen können, und über die sich um so weniger etwas Bestimmtes sagen läßt. So viel man nun auch durch die Bemühungen der Astronomen über die Oberfläche und Beschaffenheit des Mondes kennen gelernt hat, so war man doch noch nicht so glücklich gewesen, Spuren der Bewohntheit desselben zu entdecken. Zwar hat Gruithuisen in München Festungswerke, Kunststraßen und allerhand andere Sachen in demselben wahrgenommen; allein dieses bedarf noch der Bestätigung. Um von der Oberfläche des Mondes einen Gesammtüberblick und ein sicheres Mittel zur Wahrnehmung kommender Veränderungen zu haben, versuchten es Mehrere schon in den frühesten Zeiten, Abbildungen derselben zu entwerfen. Vorzügliche Verdienste, wie überhaupt um die nähere Kenntniß, erwarb sich Schröter in seiner Selenographie; noch Ausgezeichneteres dagegen leistete Lohrmann in seiner Topographie der sichtbaren Mondoberfläche (Lpz. 1824, 4.).«

Wenn demnach von großen neuen Entdeckungen am Monde die Rede ist, so kann füglich nicht weniger geboten werden, als hier folgt.

●

ALTRE SCOVERTE FATTE NELLA LUNA DAL SIG.r HERSCHEL

In dieser ungewöhnlichen Zugabe zu unserer Zeitschrift (heißt es in dem, in der Vorrede angedeuteten Journal) schätzen wir uns glücklich, dem brittischen Publikum, und auf diesem Wege der ganzen civilisirten Welt, ganz neue Entdeckungen in dem Gebiete der Astronomie mittheilen zu können, welche dem Zeitalter, in dem wir leben, ein unvergängliches Denkmal setzen, und der jetzigen Generation des Menschengeschlechts einen stolzen Vorrang in dem Andenken künftiger Zeiten gewähren werden. Es haben Dichter gesagt, die Gestirne des Himmels wären ein erbliches Regal des Menschen, als des intellectuellen Beherrschers der animalischen Schöpfung; mit noch stolzerem Bewußtseyn seiner geistigen Ueberlegenheit darf er sich von nun an in die Falten des Thierkreises hüllen.

Es ist unmöglich, große astronomische Entdeckungen zu betrachten, ohne von Empfindungen durchdrungen zu werden, die fast an Ehrfurcht gränzen, ähnlich dem bangen Schauer, mit welchem ein abgeschiedener Geist die ihm unbekannten Erscheinungen eines künftigen Daseyns entdecken mag. Uns, Wesen, die das unwandelbare Naturgesetz an die Erdkugel gefesselt, auf welcher wir leben,

»Eng eingepfercht im ungemess'nen Raum«

will es bedünken, als sei uns eine übernatürliche, fast grauenhafte Gewalt zu Theil geworden, wenn die entlegenen, geheimnißvollen Werke des Schöpfers unserer Neugier zinsbar werden. Fast scheint es eine vermessene Anmaßung einer von dem göttlichen Willen uns versagten Kraft, wenn der Mensch, im kühnen Vertrauen auf seine geistigen Mittel, weit hinaus über die scheinbar natürlichen Gränzen seiner Privilegien schreitet; und sich an die Mysterien anderer

Welten wagt; und vertrauten Umgang mit ihnen in Anspruch nimmt. Wir erfahren mit Gewißheit, daß der unsterbliche Denker, dem die Menschheit die staunenerregende, wunderbare Kunde verdankt, die jetzt zum ersten Male das Licht der Welt erblickt, als er endlich seinen neuen und stupenden Apparat mit sicherer Aussicht auf Erfolg zu Stande gebracht, noch mehrere Stunden hindurch einer feierlichen Pause weihte, bevor er seine Betrachtungen anstellte, um seinen regen Geist auf Entdeckungen vorzubereiten, welche, wie er sich überzeugt hielt, Tausende und aber Tausende seiner Mitmenschen mit Erstaunen durchdringen und seinen Namen für alle Zukunft in eine glänzende Constellation neben, wo nicht über den seines Vaters stellen müßten. Wohl ziemte es ihm, eine feierliche Pause zu machen! Seit der Stunde, wo das erste Menschenpaar seine Augen zum Anschauen der Glorie des blauen Firmaments über seinen Häuptern geöffnet, hat das menschliche Wissen keinen Zuwachs erhalten, der sich auch nur von ferne an erhabenem Interesse mit demjenigen vergleichen ließe, zu dessen Erwerbung er auserkohren war; und wir glauben melden zu dürfen, daß seine Entdeckungen, sobald ein schon für die Presse bereit liegendes Werk,•) in welchem sie umständlich beschrieben sind, in's Publikum gekommen sein wird, sich von beispielloser Wichtigkeit für einige der wesentlichsten Operationen des civilisirten Lebens bewähren werden. Ja, eine ahnungsvolle Pause! Er stand im Begriff, alleiniger Inhaber wunderbarer Geheimnisse zu werden, die den Blicken Aller, die seit dem Ursprunge der Zeit auf Erden gelebt, unerforscht geblieben waren; er sah sich im Geiste mit einem Diadem des Wissens gekrönt, welches ihm einen unbestreitbaren Vorrang über alle lebende Wesen seiner Gattung, über alle Individuen der entschwundenen Generationen verleihen sollte. Darum machte er feierlich Pause, bevor er das Siegel des Kästchens erbrach, um den Schatz zu heben.

● **Man spricht bereits von dem Preise desselben – 10 £ 10 s.**
Anmerk. des Uebers.

Um unser Entzücken begreiflich zu machen, bemerken wir gleich jetzt, daß der jüngere Herschel vermittelst eines Teleskops von ungeheuren Dimensionen und nach ganz neuen Grundsätzen auf seiner Sternwarte in der südlichen Hemisphäre bereits die ausserordentlichsten Entdeckungen bei allen Planeten unsers Sonnensystems gemacht, und selbst Planeten anderer Sonnensysteme und Gegenstände im Monde dermaßen deutlich geschaut hat, als es bei Gegenständen auf unserm Planeten in einer Entfernung von 100 Yards der Fall ist; er hat ferner die Frage, ob unser Trabant bewohnt sei, bejahend entschieden, und zugleich dargethan, durch welcherlei Art von Geschöpfen.

Unsere zeitige und beinahe ausschließliche Kenntniß all dieser Umstände verdanken wir der intimen Freundschaft des Herrn Andrew Grant, Pflegesohnes des ältern und seit mehreren Jahren unzertrennlichen Gehülfen des jüngern Herschel. Als Secretär des letztern auf dem Vorgebirge der guten Hoffnung und unermüdlicher Aufseher des großen Teleskopes war er im Stande, uns wenigstens eben so wichtige und werthvolle Mittheilungen zu machen, als diejenigen sind, welche Dr. Herschel selbst der Königlichen Astronomischen Societät übersandt hat. Auch versichert uns unser Berichterstatter, daß die voluminösen Documente, welche jetzt einem Ausschusse jener Gesellschaft vorliegen, wenig mehr enthalten, als Einzelnheiten und mathematische Erläuterungen derjenigen Thatsachen, welche er in seiner eignen weitläuftigen Correspondenz uns mitgetheilt hat. Aber für die Bewilligung, seine Freundschaft gegen uns durch Mittheilung jener unschätzbaren Berichte beweisen zu dürfen, ist Herr Dr. Grant, und sind wir selbst der großmüthigen Uneigennützigkeit des Herrn Dr. Herschel dankbar verpflichtet, der, weit entfernt von allen lohnsüchtigen Rücksichten, auf so ausgezeichnete Weise seinen Mitarbeiter auf dem Felde der Wissenschaft geehrt und belohnt hat. Die beiliegenden Kupferstiche selenitischer Thiere und anderer Gegenstände, so wie der Lichtfase der verschiedenen Planeten sind genaue Copien von Zeichnungen, die im Observatorium vom Herrn Ritter Herbert Holmes angefertigt wurden, welcher die letzte mächtige Reihe von Reflektoren von London nach dem Cap begleitete und ihre Aufstellung beaufsichtigte; er hat in diesen Zeichnungen getreu die Beweise des siegenden Erfolges der letzteren niedergelegt. Der Kupferstich über die Gürtel des Jupiters ist eine verkleinerte Copie einer Zeichnung auf Elefantenpapier, die Herr Dr. Herschel selbst angefertigt hat, und welche die Resultate der neuesten Beobachtungen dieses Planeten enthält. Der Abschnitt des innern Sturmringes ist nach einer großen Zeichnung des Herrn Dr. Grant.

Wir benutzen zuerst die Documente, welche eine Beschreibung und Geschichte des Instruments enthalten, mittelst dessen diese erstaunlichen Entdeckungen gemacht worden sind. Die Kenntniß des erstern ist dem Verständnisse des letztern fast unentbehrlich.

TELESKOP DES JÜNGERN HERSCHEL

Es ist bekannt, daß das große Spiegelteleskop des verstorbenen ältern Herschel mit einem Objectiv von vier Fuß im Durchmesser und einem vierzig Fuß langen Tubus eine Kraft von mehr als sechstausendmaliger Vergrößerung besaß. Es konnte jedoch bei näheren astronomischen Gegenständen immer nur ein kleiner Theil dieser Kraft in Anwendung gebracht werden, da wegen der Lichtschwäche so bedeutend vergrößerter Gegenstände diese weit weniger deutlich erscheinen, als wenn nur der dritte oder vierte Theil jener Kraft bei ihrer Betrachtung angewendet wird. Demzufolge bediente er sich in der Regel bei Beobachtung des Mondes und der Planeten abwechselnd einer 220-, 460-, 750- und 900-maligen Vergrößerung, und machte auf diese Weise seine interessantesten Entdeckungen. Dagegen nahm er beim Beobachten der doppelten und dreifachen Fixsterne, und bei den entfernteren Nebelflecken den ganzen Umfang der Kraft seines Instruments in Anspruch. Das Gesetz der Optik, daß jeder Gegenstand nach Maßgabe seiner Vergrößerung undeutlicher erscheint, schien, da es sich bei diesem mächtigen Teleskop bethätigte, ferneren Entdeckungen in unserm Sonnensystem ein unüberwindliches Hinderniß in den Weg zu legen. Einige Jahre vor seinem Tode hielt der hochgeachtete Astronom es für anwendbar, eine Folge von verbesserten parabolischen und sphärischen Reflektoren zu construiren, welche durch Vereinigung aller Vorzüge der Gregorischen und Newtonschen Instrumente mit der höchst wichtigen Entdeckung Dollond's, die Farblosigkeit der Gläser betreffend, schon im bedeutenden Grade das mißliche Hinderniß beseitigen konnte. Sein Plan zeugte von tiefen wissenschaftlichen Untersuchungen in der Optik, und von dem größten Talent in mechanischen Erfindungen; aber Kränklichkeit und endlich sein Tod verhinderten die Ausführung. Sein Sohn, der jetzige Sir John Herschel, der in der Sternwarte gesäugt und gewiegt worden, und der seit seiner Kindheit praktischer Astronom war, hielt sich von dem Werthe jener theoretischen Grundsätze so sehr überzeugt, daß er beschloß, einen Versuch zu machen, es möge kosten, was es wolle. Zwei Jahre nach seines Vaters Tode hatte er seinen alten Apparat vollendet, und brachte ihn bei dem neuen Teleskop mit fast vollkommenem Erfolg in Anwendung. Er fand, daß, wenn die sechstausendfache Vergrößerung beim Monde – der besten Probe, die gemacht werden kann – in Anwendung gebracht wurde, unter den neuen Reflektoren ein Brennpunktbild von ausgezeichneter Deutlichkeit und frei von aller Färbung und Verdunkelung zum Vorschein kam, das zugleich den höchsten Grad von Helligkeit besaß, welchen der große Spiegel von diesem Gestirn auffassen konnte.

Die auf diese Weise erreichte Vergrößerung des Gesichtswinkels bestimmt sich, wenn die Entfernung des Mondes vom Orte der Beobachtung durch die vergrößernde Kraft des Instrumentes dividirt wird. Da nun die erstere 240.000 Meilen beträgt, die letztere sechstausendfältig ist, so ergiebt sich ein Quotient von 40 Meilen als die scheinbare Entfernung dieses Trabanten vom Auge des Beobachters. Nun ist bekannt, daß kein Gegenstand auf der Erde in weiterer Entfernung als die eben angegebene mit bloßem Auge gesehen werden kann, nicht einmal von am günstigsten gelegenen Erhöhungen. Die Ründung der Erde verhindert eine weitere Aussicht auf diese, und gewöhnlich befinden sich Gegenstände, welche in dieser Entfernung gesehen werden, auf hohen Bergen. Ueberdies ist hiemit noch gar nicht gesagt, daß bei diesen vierzig Meilen teleskopischer Fernsicht des Mondes Körper auf demselben mit gleicher Deutlichkeit erblickt werden können, als diejenigen, welche auf der Erde in derselben Entfernung liegen.

Nichtsdestoweniger hat der ältere Herschel bewiesen, daß er mittelst einer tausendfachen Vergrößerung Gegenstände im Monde unterscheiden konnte, die nicht mehr als 100 Yards•) im Durchmesser haben. Wenn daher die volle Kraft des Instruments, vermöge des durch seinen Sohn construirten Reflectoren-Apparats demselben entwunden werden kann,

● Yard = 3 engl. Fuß.
A. d. Uebers.

Gaetano Dura dis.

T.ᵃ II.

Napoli 31 Marzo 1836

Lit. Gatti e Dura

DILIGENZA PER LA LUNA

so folgt mathematisch richtig, daß solchergestalt Gegenstände, die nicht mehr als 20 Yards im Durchmesser haben, erkennbar sein müssen. Sie werden jedoch in jedem Fall nur als schwache, gestaltlose Punkte, ohne größere Deutlichkeit, als wenn man sie auf der Erde in einer Entfernung von 7 Meilen mit unbewaffnetem Auge sähe, erscheinen. Denn obgleich das Licht mit großer Genauigkeit concentrirt wird, so ist der Mangel desselben noch immer bedeutend genug, und das umgekehrte Verhältniß der Lichtstärke zur Größe des Brennpunktbildes nicht völlig aufgehoben. Daher waren denn die Fortschritte, welche der jüngere Herschel in der Kenntniß des Mondes machte, wenn gleich glänzend, doch immer nur Stückwerk und ungenügend. Er war dadurch freilich im Stande, einige Entdeckungen früherer Beobachter zu bestätigen, und andere zu widerlegen. Das Dasein von Vulcanen, welche durch seinen Vater und durch Schroeter in Berlin entdeckt wurden, und die Veränderungen, welche letzterer bei den Vulcanen des MARE CRISIUM oder hellen See's beobachtete, wurden bestätigt und näher erläutert. Die unverhältnißmäßige Höhe, die man den Mondbergen bis jetzt beigelegt hat, wurde durch sorgfältige Messungen berichtigt, und die berühmten kegelförmigen Hügel, die Ringgebirge, welche Thäler von bedeutendem Durchmesser einschließen, und in deren Mitte sich jedesmal eine hohe Bergspitze findet, wurden genauer beobachtet.

Das Gebilde, welches Herr Professor Frauenhofer liebloser Weise für eine Mondfestung hielt, erkannte er als die flache Hochebne eines merkwürdigen pyramidalförmigen Berges; Linien, die man sanguinisch als Landstraßen und Canäle erklärte, bestimmte er als scharfe Grate merkwürdig regelmäßiger Hügelreihen, und was Schroeter in der Nähe des MARIUS für eine große Stadt ansah, fand er, daß es ein Thal voll zerstückelter Felsen sei, welche in Bruchstücken, deren Größe er auf wenigstens tausend Yards im Durchmesser schätzt, zerstreut sind.

Auf diese Weise war denn die allgemeine Geographie des Trabanten in ihren großen Umrissen hinsichtlich der Vorgebirge, des festen Landes, der Gebirge, Seen und Inseln, mit größerer Genauigkeit und Deutlichkeit als durch irgend einen früheren Beobachter berichtigt worden, und die auffallende Unähnlichkeit einer Menge von Localgebilden desselben mit irgend einem Gegenstande auf unserm Erdball hinreichend dargethan. Die besten erweiterten Mondkarten, welche erschienen sind, waren nach diesen Beobachtungen angefertigt, und weder der Astronom noch das Publikum rechneten darauf, daß jemals noch bedeutende Fortschritte hinsichtlich dieser Entdeckungen gemacht würden. Die äussersten Kräfte des größten Teleskopes von der Welt waren auf eine neue und glückliche Art angewendet worden, um sie herbeizuführen, und vernünftiger Weise war nicht zu erwarten, daß je ein größeres verfertigt, oder wenn ja, daß es mit Nutzen würde gebraucht werden können. Ein Naturgesetz und das Ende alles menschlichen Wissens schienen eng verbunden, jeglicher weitern Verbesserung der Teleskope, Behufs ihrer Anwendung auf die bekannten Planeten und Satelliten unsers Sonnensystems, einen unüberwindlichen Widerstand entgegengesetzt zu haben. Denn wenn die Sonne nicht gezwungen werden konnte, diesen Körpern einen freigebigeren Zufluß von Licht zu spenden, und die Planeten selbst, zur Belohnung unserer Neugier solches uns zuzuschicken, war keine Erweiterung der Wissenschaft in dieser Hinsicht denkbar. Teleskope können kein Licht erschaffen; sie geben nicht einmal das empfangene ungeschwächt zurück. Daher ließen denn dem Sohne Herschel's die Arbeiten seiner berühmten

Vorgänger und seine eigenen keine Hoffnung übrig, daß menschliche Geschicklichkeit in Zusammensetzung von Fernröhren es jemals zu weiterer Vollkommenheit bringen würde.

Huygens, Fontana, Gregory, Newton, Hadley, Bird, Short, Dollond, Herschel und viele andere praktische Optiker, hatten jegliches Material versucht und auf alle mögliche Weise, Behufs Verfertigung von Linsen sowohl wie von Teleskopen in Anwendung gebracht, so wie alle Gesetze der Optik, die ihr Forschungsgeist ergründete, gänzlich erschöpft. Bei Verfertigung seiner neuen erstaunlichen Spiegel hatte Sir John die beste Mischung, welche durch die neuesten Fortschritte in der Chemie der Metalle entdeckt worden war, sich erwählt, und ihren unter der Hand des arbeitenden Künstlers sich entwickelnden Glanz mit ängstlicherer Hoffnung bewacht, als je ein Liebhaber das Auge seiner Geliebten bewachte; aber er hatte nichts weiter zu erwarten, als was schon vorher da gewesen war. Ihm blieb die genugthuende Ueberzeugung, daß wenn er eine losgeschossene Kanonenkugel bestiege, und so in rasender Schnelle den ansehnlichen Zeitraum etlicher Millionen Jahre hindurch reisete, er dennoch keinen deutlicheren Anblick von den entfernten Fixsternen erhalten könnte, als ihm jetzt wenig Minuten Zeitaufwand gewähren, und daß eine größere als Dampfwagen-Geschwindigkeit von fünfzig Meilen in der Stunde beinahe ein liebes langes Jahr hindurch erforderlich wäre, um ihm eine günstigere Anschauung des schönen Nachtgestirns da oben zu verschaffen. Die Beantwortung der interessanten Frage, ob dieses Licht, das seine Strahlen über den feierlichen Wald, über die verrätherische Wüste und über den dunkelblauen Ocean ergießt; ob dieser Körper, den der einsame Thurm, den das aufblickende Auge auf dem verlassenen Schlachtfelde erschaut, den alle Pilgrime, die – sei es in Liebe und Hoffnung, sei es in Elend und Verzweiflung – die Thäler und Hügel dieser Erde seit den Jahrhunderten ihrer ungeschriebenen Geschichte bis zu denen ihrer jetzigen bändereichen Urkunden, durchwanderten, – die Lösung der herzerhebenden Frage, ob dieser Gegenstand der Anschauung aller Menschenkinder von den Tagen Edens bis zu denen Edinburgs, bewohnt sei oder nicht, beruhte lediglich auf Schlüssen, oder auf der ernsten Erzählung, daß er von dem eisgrauen Einsiedler gehalten werde, den der Criminalcodex der Ammenstuben dort oben hinverbannt hat, um Feuer zu sammeln zum jüngsten Gerichte.

Es schienen also ferneren Entdeckungen hinsichtlich der planetarischen Körper, und namentlich des ebenerwähnten, unwandelbare Grenzen gesetzt zu sein, und jede Hoffnung dieserhalb war bis vor einigen Jahren verschwunden. Aber vor etwa drei Jahren unterhielt sich Herr Dr. Herschel mit Sir David Brewster über die Vorzüge mehrerer scharfsinnigen Entdeckungen des letzteren, die dieser in einem Artikel der Edinburger Encyklopädie, S. 644, die Verbesserung der Newton'schen Reflektoren betreffend, niedergelegt hatte. Bei Gelegenheit dieser erwähnte Sir John die ausgezeichnet bequeme Einfachheit der alten astronomischen Teleskope, die ohne Rohr waren und deren Objectiv, in einer hohen Achse befestigt, das Bild des Brennpunktes in eine Entfernung von 150 und selbst 200 Fuß warf. Sir David gab zu, daß ein Rohr nicht nöthig sei; nur, bemerkte er, müsse das Bild des Brennpunktes in ein dunkles Gemach geleitet und dort gehörig durch Reflektoren aufgefangen werden. Sir John bemerkte, daß wenn seines Vaters großes Teleskop (dessen Rohr, obgleich es aus möglichst leichtem Material construirt war, allein 3.000 Pfund wog) eine leichtere Beweglichkeit besessen, und dem schweren Observatorium ein bewegbares beigefügt würde, es ohne das schwerfällige, hindernde Rohr sehr brauchbar sein dürfte. Hierüber wurde man bald einig, und das Gespräch wandte sich nun auf den unbesiegbaren Feind: die Verminderung des Lichtes bei starken Vergrößerungsgläsern. – Nach einigen Minuten stillschweigenden Sinnens fragte Sir John schüchtern, ob es nicht möglich sein dürfte, eine Durchströmung künstlichen Lichtes durch das Focalobject der Beobachtung zu bewerkstelligen. Sir David stutzte einigermaßen über die Originalität dieser Idee, schwieg eine Weile, und erwähnte endlich zögernd der hindernden Strahlenbrechung und des Einfallswinkels. Sir John, schon zuversichtlicher, berief sich dagegen auf den Newton'schen Reflector, in welchem die Strahlenbrechung durch einen zweiten Spiegel berichtigt, so wie der Einfallswinkel durch einen dritten wieder hergestellt werde. – »Und«, fuhr er fort, »warum sollte nicht das erleuchtete Mikroskop (nämlich das Hydrooxigen-Mikroskop) angewendet werden können, um den Brennpunktsgegenstand zu verdeutlichen, und falls nöthig, selbst zu vergrößern?« In begeisterter Ueberzeugung fuhr Sir David von seinem Stuhle auf, sprang hoch bis fast an die Zimmerdecke, und rief: »Du bist der Mann!« Beide Philosophen bemühten sich gegenseitig, einander auf das angelegentlichste zu erläutern, daß, wenn die Strahlen des Hydrooxigen-Mikroskops durch einen Wassertropfen fallen, worin sich etwa die Eier einer Mücke, oder irgend andere dem bloßen Auge unsichtbare Gegenstände befinden, selbige nicht nur scharf und deutlich, sondern auch beträchtlich und zwar bis zur Ausdehnung von mehreren Fuß vergrößert werden; auf ähnliche Weise könne dasselbe künstliche Licht, wenn man es auf das schwächste Focalobject eines Teleskops anwende, selbiges in seinen kleinsten Theilen vergrößern und verdeutlichen. Das einzige bedeutende Erforderniß war ein Recipient für das Bild des Brennpunkts, der im Stande wäre, es ohne Strahlenbrechung auf die Fläche, worauf es gesehen werden sollte, überzutragen. Während der verschiedenen Versuche, welche in den folgenden Wochen gemacht wurden, fanden die zusammenwirkenden Philosophen, daß das reinste Tafelglas (welches sie, wie es heißt, aus den Ladenfenstern des Herrn Desanges, Juweliers Sr. Ex-Majestät Carls X., in High-street – versteht sich, mit Erlaubniß desselben – herausnahmen,) das vorzüglichste Mittel sei, welches sie entdecken konnten. Es paßte vollkommen zu einem Teleskope von hundertfacher Vergrößerung und einem Mikroskope, ungefähr dreimal so stark. Nun machte sich Sir John Herschel an die Verfertigung seines erstaunlichen Riesenteleskopes.

Die Kraft des Fernrohrs seines Vaters ließ ihn noch immer in einer Entfernung von fast vierzig Meilen von seinem Lieblingsplaneten; daher beschloß er, ein stärkeres Vergrößerungsglas zu versuchen. Geld, der Sporn der Wissenschaften und der Nerv des Krieges, schien das einzige Erforderniß, dessen Erlangung, die wahrlich schwerer ist als die Arbeit der Sisyphus, er zu bewerkstelligen beschloß. Durch den Einfluß Sir Brewster's mächtig unterstützt, legte er seinen Plan der Königlichen Societät vor, und suchte hauptsächlich die Aufmerksamkeit des Präsidenten derselben, Sr. Königl. Hoheit des Herzogs von Sussex, des freigebigsten Beförderers der Künste und Wissenschaften darauf zu lenken. Der Plan wurde sogleich und mit Begeisterung von der Comittee, welche mit Untersuchung desselben beauftragt war, aufgenommen und gebilligt, und der Vorstand derselben, der erhabene Präsident selbst, stellte sich mit 10.000 Dollars an die Spitze der Subscription und versprach noch ausserdem angelegentlichst, das vorgeschlagene Instrument als einen der Unterstützung Sr. Majestät des Königs würdigen Gegenstand zu empfehlen. Er that dies unverzüglich, und als der König in Kenntniß gesetzt worden, daß die veranschlagten

Ausgaben sich auf etwa 70.000 Pfund Sterl. belaufen könnten, fragte derselbe sehr naiv, ob das kostbare Instrument von Nutzen für die Schifffahrt sein würde. Nachdem dies als unzweifelhaft dargethan worden, versprach der Seefahrtskundige König Carte blanche für jede erforderliche Geldsumme.

Sir John Herschel hatte seinen Plan und seine Berechnungen auf ein Objectivglas von 24 Fuß im Durchmesser, (also gerade die sechsfache Größe des Glases seines Vaters) gerichtet. Um diese gewichtige Masse gießen zu lassen, wählte er die Gießerei der Herren Hartly und Grant (letzterer ist der Bruder unsers schätzbaren Freundes, Herrn Dr. Grant), zu Dunbarton. Das dazu bestimmte Material war eine Mischung von zwei Theilen des besten Kron- und einem Theile Flintglases, in deren getrennter Anwendung bei Vergrößerungsgläsern für achromatische Fernröhre die große Entdeckung Dollonds besteht. Aber durch genaue Versuche hatte man gefunden, daß die Mischung selbst jegliche achromatische Schwierigkeit vollkommen besiegen würde. Fünf sorgfältig ausgesuchte und hinsichtlich ihrer Güte und Wirkung vollkommen gleichförmige Metallöfen wurden durch einen großen Conductor mit einander verbunden, mit dem Material gefüllt, und am 3. Januar 1833 war der erste Guß fertig. Nach achttägiger Abkühlung öffnete man die Form, und fand, daß das Glas achtzehn Zoll vom Mittelpunkte bedeutende Risse hatte. Dieses Unfalles ungeachtet, wurde ein neues Glas mit vergrößerter Sorgfalt am 27. desselben Monates gegossen, und dieses fand sich denn, als es in der ersten Woche des Februarmonats aus der Form genommen wurde, in vollkommener Vollendung, mit Ausnahme zweier kleiner Risse, die jedoch so nahe am Rande waren, daß sie durch den kupfernen Ring, worin es eingefügt werden sollte, vollkommen bedeckt werden konnten.

Das Gewicht dieser wunderbaren Linse war 14.826 Pfund, oder nach der Schleifung und Politur fast sieben Tons,•) und ihre veranschlagte vergrössernde Kraft 42.000fältig. Es war daher zu vermuthen, daß es im Stande sein würde, Gegenstände unsers Satelliten von wenig mehr als achtzehn Zoll im Durchmesser darzustellen, vorausgesetzt daß es möglich sein würde, ihr Brennpunktsbild vermittelst der Durchströmung künstlichen Lichtes deutlich zu machen. Demgemäß war die Bestätigung der Theorien des jüngern Herschel und die Erfüllung seiner Wünsche nicht sowohl im Allgemeinen von der bloßen erhellenden Kraft des Hydrooxygen-Mikroskops abhängig, als vielmehr von der Anwendung derselben auf die Focalbilder der Linse. Er rechnete hauptsächlich auf die fast unbeschränkte Anwendbarkeit dieses Instruments als eines zweiten Vergrösserer, welcher die Vorzüge der stärksten Vergrößerungsgläser übertreffen und deren Kraft weiter hinter sich zurücklassen würde.

Herschel's Zuversicht in Betreff der vortheilhaften Resultate der eben geschilderten glänzenden Verbindung von Naturkräften war so groß, daß er sicher darauf rechnete, selbst die Entomologie des Mondes studiren zu können, falls nämlich auf der Oberfläche desselben sich Insekten finden sollten. Nachdem er nunmehr seine große Linse vollendet, und deren Transport nach der Hauptstadt befördert hatte, war seine nächste Sorge, die Construction eines zweckmäßigen Mikroskopes, und des Zimmerwerkes zum Behuf der horizontalen und vertikalen Bewegung des ganzen Apparates. Da indeß der Entwurf seiner Unternehmung in allen einzelnen selbst den kleinsten Theilen genau durchdacht war, so ging die Ausführung leicht und rasch von Statten. Er erwartete daher nur noch die bestimmte Zeit, zu welcher er seinen prachtvollen Apparat an den Ort seiner Bestimmung begleiten sollte. Seit

• 1 Ton = 2.000 Pfund.
A. d. Uebers.

einiger Zeit standen die Längen-Bureaus Englands, Frankreichs und Oesterreichs mit einander im Briefwechsel, behufs vorzunehmender Verbesserungen in den Längentabellen der südlichen Halbkugel, welche viel ungenauer als die der nördlichen gefunden wurden. Die hohe Meinung, welche das Brittische Längenbureau von dem neuen Teleskop und von der enormen Geschicklichkeit seines Erfinders gefaßt hatte, bestimmte die Regierung, seine Dienste beim Durchgange des Merkurs durch die Sonnenscheibe in Anspruch zu nehmen, welcher am 7. November d. J. statt finden und zwar, da er um 7 Uhr 47 Minuten 55 Secunden Abends mittlerer, oder um 8 Uhr 12 Minuten 22 Secunden Stern-Zeit eintritt, fast auf der ganzen nördlichen Halbkugel unsichtbar sein wird. In der Regel wurden unter Umständen wie diese, die Durchgänge des Merkurs und der Venus von den Europäischen Astronomen auf dem Kap der guten Hoffnung beobachtet, und es sind namentlich die genauen Beobachtungen der Merkurdurchzüge, welche sich weit häufiger ereignen als die der Venus (deren letzter in das Jahr 1769 fiel, und deren nächster erst im Jahre 1874 wieder stattfinden wird, von hoher Wichtigkeit für Sternkunde und Schifffahrt. Ja, zum Zweck der letztern sind die Durchgänge des Merkurs fast eben so wichtig als die der Venus; denn, obgleich die der letztern Planeten den besondern Nutzen haben, daß durch sie die große Parallaxe der Sonne, und in Folge dessen die Entfernung der Planeten von der Sonne genau bestimmt werden kann, so ergiebt sich bei den Merkurdurchgängen durch genaue Bestimmung der Knoten dieses Planeten, unabhängig von der Sonnenparallaxe die Parallaxe der Erde und des Mondes, und sie sind daher von besonderem Werthe bei Längenmessungen mittelst Beobachtungen des Mondes. Für solche Beobachtungen aber ist das Kap der guten Hoffnung ein viel geeigneter Punkt als irgend ein anderer der südlichen Halbkugel. Die astronomische Expedition welche ungefähr um die Mitte des vorigen Jahrhunderts nach Peru gesandt wurde, um in Verbindung mit einer andern in Lappland die wahre Gestalt der Erde zu bestimmen, fand die Anziehung der nahen Gebirge dermaßen stark, daß die Bleiwage eines ihrer größeren Instrumente sieben bis acht Secunden von der wahren senkrechten Linie abwich. Dagegen haben die Hochebenen des Kaps den Vortheil einer reinen durchsichtigen Luft, und sind frei von jeglichem störenden Einfluß der Gebirge. Deshalb nahm Sir John Herschel das ihm gemachte Anerbieten nicht allein höchst bereitwillig an, sondern er suchte darum nach, seine Arbeiten wenigstens ein Jahr vor dem Durchgange beginnen zu dürfen, um Zeit zu haben, seine gewichtige complicirte Maschine aufrichten und seine Kenntnisse hinsichtlich der südlichen Constellationen bereichern zu können.

Sein Wunsch wurde ohne weiteres erfüllt, und nachdem die Vorkehrungen beendet waren, reisete er am 4. September von London ab, in Begleitung des Dr. Andrew Grant, des Herrn Drummond, Artillerielieutenants und Mitgliedes der Königl. astronomischen Gesellschaft, und einer Menge der besten englischen Mechaniker. Sie erreichten den Ort ihrer Bestimmung nach einer schnellen und angenehmen Ueberfahrt, und begannen alsbald mit dem Transport der großen Linse und des Zimmerholzes zur Sternwarte nach dem bestimmten Platze: einem Raume flachen Landes von großer Ausdehnung und hoher Lage, ungefähr 53 Meilen östlich von der Capstadt, welches ganz genau derselbe Ort sein soll, wo De la Caille im Jahre 1750 seine unschätzbaren Sonnentabellen anfertigte, indem er einen Grad des Meridians vermaß, und die Sonnenparallaxe bedeutend genauer als früher geschehen, bestimmte. Sir John bewerkstelligte die Ersteigung der Hochebene vermittelst zweier Gespanne Ochsen, jedes aus vierzehn Stück bestehend, innerhalb vier Tagen, und mit Hülfe mehrerer Abtheilungen holländischer Bauern begann er sogleich den Bau seiner Riesenwerkstatt.

Der untere Theil des Gebäudes ähnelt einigermaßen dem des Herschel'schen Teleskops in England; nur daß anstatt des runden Grundbaues von Ziegelsteinen, eine Anzahl Parallelzirkel von eisernen Schienen, die auf Zimmerwerk ruhen, die Grundlage bilden, so daß mit Hülfe eines einfachen Mechanismus das Observatorium, welches auf ihnen sich bewegt, von dem äussersten Zirkel auf den innersten, der zugleich die Grundlage der Stellage, an welcher die Linse befestigt ist, bildet, so wie auf jeden dazwischen liegenden Zirkel gebracht werden kann. Der Durchmesser des kleinsten Zirkels beträgt 28 Fuß; den des größten hat unser Correspondent sonderbarer Weise anzugeben vergessen, obgleich man ihn einigermaßen aus dem Einfallswinkel der Linse und der Breite des Observatoriums bestimmen kann. Das Letztere ist ein hölzernes Bauwerk von 50 Fuß im Viereck und eben so hoch, mit flachem Dache und Regentraufen von Kupferblech. In der der Linse zugekehrten Seite befindet sich eine Oeffnung, 4 Fuß im Durchmesser, um die Strahlen derselben aufzufangen und im Dache eine andere zu demselben Zwecke für Meridionalbeobachtungen. Die Linse ist in einen hölzernen Rahmen gefaßt, der an den Ecken mit Kupfer beschlagen ist, und hängt auf einer Achse zwischen zwei Pfeilern, welche beinahe eben so hoch sind, als die, welche den berühmten Quadranten Uley Bey's trugen: nämlich 150 Fuß. Diese sind oben und unten mittelst Querhölzer verbunden und verstärkt durch eine Anzahl diagonaler Streben. Zwischen diesen Pfeilern befindet sich eine doppelte Schiffswinde, um die Linse aus ihrer, mit dem Observatorium horizontalen Richtung zu jedem, namentlich für Meridional-Beobachtungen erforderlichen Höhengrade zu heben. Diese letzte Operation wird durch einen ungeheuren doppelten Sextanten auf's herrlichste regulirt, welcher, mit der Achse der Linse verbunden, sich mit derselben zugleich bewegt, und regelmäßig in Grade, Minuten und Secunden eingetheilt ist. Da nun die Horizontalzirkel des Observatoriums ebenfalls in 360 Grade und deren genaue Unterabtheilungen getheilt sind, so hat das ganze Instrument die Macht und Regelmäßigkeit eines ungeheuren Höhenmessers. Da sich kein Rohr daran befindet, so ist die Verbindung mit dem Observatorium durch zwei horizontal liegende Hebel bewerkstelligt, welche sich unterhalb des Fußbodens des Gebäudes befinden, und von der innern runden Grundlage der Pfeiler ausgehen, und auf diese Weise die Linse fortwährend mit dem Observatorium in einer und derselben Richtung halten, und beiden eine gleichmäßige, sichere Bewegung verschaffen. Mit Hülfe dieser Hebel, einer Sperrung und einer Bratspill kann das Observatorium in jede zu einer Beobachtung erforderlichen Nähe zu den Pfeilern gebracht werden; und wenn gleich die größte Annäherung nur Beobachtungen mit der großen Linse erlaubt, die sich nicht unter fünfzehn Grad Entfernung vom Meridian erstrecken, so ist dem Mangel durch ein herrliches, vom ältern Herschel verfertigtes Teleskop von großer Macht abgeholfen, durch welches jeder höhere Grad wahrgenommen werden kann. Das Gesichtsfeld, welches entweder auf den Fußboden oder auf die Wand des Beobachtungsgemaches geworfen wird, hat nahe an 50 Fuß im Durchmesser, und da es rund ist, umfaßt es beinahe 1.875 Quadratfuß. Die Grundfläche sämmtlicher Horizontalbewegungen ist genau vom Lieutenant Drummond nivellirt, und zwar mit einer verbesserten Wasserwage seiner Erfindung, die auch seinen Namen führt, und die Cirkelbewegung sowohl des Observatoriums als des Gerüstes, auf welchem die Linse ruht, wird durch Rollen von verminderter Reibung, die in mit Oel gefüllten Patent-Büchsen laufen, dermaßen erleichtert, daß ein einziger Mensch mittelst der Hebel das ganze Gebäude auf jeden beliebigen Schienenzirkel der Grundfläche zu bewegen im Stande ist, und zwei Mann, welche die Bratspill drehen, sind vollkommen hinreichend, das Observatorium bis an den Fuß der Pfeiler zu senken. Beide Arten der Bewegung werden aber jetzt lediglich durch einen Mechanismus bewerkstelligt, der im Beobachtungsgemach durch eine einzige Person in Gang gesetzt werden kann, und der zugleich mittelst eines scharfsinnig construirten Zeigers jeden Zoll vor- oder rückwärts genau anzeigt.

Wir haben uns veranlaßt gefunden, diese detaillirte Beschreibung des Herschel'schen Teleskops vorauszusenden, weil wir eine genaue Entwickelung der Grundsätze, nach welchen es construirt ist, und Darlegung der Vorzüge und der Kraft, die es besitzt, für ein unumgängliches Erforderniß halten, um unsere Leser in den Stand zu setzen, zu begreifen, wie die dadurch herbeigeführte ungeheure Erweiterung des menschlichen Wissens möglich gemacht werden konnte, und sind zugleich der Meinung, daß diese Erfindung der glänzendste Beweis der scharfsinnigsten Mechanik der jetzigen und aller früheren Zeiten ist. Das Teleskop war gegen Ende December fertig, als die lange Reihe der Reflektoren für das Mikroskop aus England anlangte, und nun begannen in der ersten Woche des folgenden Monats und Jahres die Arbeiten desselben. Aber eben so geheimnißvoll, als man bei dessen Erfindung, Aufrichtung und in Betreff des Zweckes gewesen war, beobachtete man auch während mehrerer Monate über den so äusserst großen Erfolg tiefes Stillschweigen. Ob die britische Regierung die versprochenen glänzenden

Entdeckungen noch mit zweifelhaftem Blicke ansah, oder ob es ihr Wunsch war, sie so lange fest zu verheimlichen, bis das Maaß des Ruhmes für Nation und Herrscher, die sie veranlaßten, und von welcher sie ausgingen, vollkommen sei, ist eine Frage, die wir höchstens durch Muthmaßungen beantworten können. Aber gewiß ist es, daß des Astronomen hohe Beschützer maurerische Verschwiegenheit über ihn und seine Freunde einschärften, so lange, bis er selbst die Erfolge seiner großen Unternehmung officiel bekannt gemacht haben würde. – Demgemäß hörte die Welt nichts von ihm oder seinen Versuchen, bis vor wenigen Monaten, wo man in wissenschaftlichen Blättern bekannt machte, daß Sir John Herschel vom Cap der guten Hoffnung dem kaiserlich königlich österreichischen Astronomen zu Wien schriftlich mitgetheilt habe, daß der verhängnißvolle Komet, den man für 1835 angekündigt hatte, und der unserm zitternden Erdball so nahe kommen sollte, daß wir das Gebrause seiner Feuergluthen hören könnten, – eine andere Bahn eingeschlagen hätte, und daß er unsere Fluren und Wälder nicht einmal mit einem Härchen seines Schweifes berühren würde. Aber da die Gelehrten Europa's nicht wissen konnten, durch welche ausserordentliche Mittel Sir John im Stande gewesen, eine so kecke Erklärung zu geben, und mit seinem Geheimnisse gänzlich unbekannt waren, so betrachteten sie die »Abbestellung«, wie man seine Entdeckung nannte, mit ungläubiger Verachtung, und ängstigten sich und die Welt mit den früheren schrecklichen Vorhersagungen.

T.^a III

Napoli 7 Aprile 1836

PERMANENZA NELLA LUNA

NEUE ENTDECKUNGEN IN DER MONDWELT

Bis zum 10. Januar waren die Beobachtungen hauptsächlich den südlichen Sternbildern gewidmet, in welchen, ohne Hülfe des Hydrooxigen-Reflectors, zahllose neue Sterne und Nebelflecken entdeckt wurden. Indessen wollen wir die Mittheilungen unsers Berichterstatters über diese für spätere Seiten ersparen, um unseren Lesern die allgemeinen und im höchsten Grade interessanten Entdeckungen in der Mondwelt nicht länger vorzuenthalten. Zugleich beziehen wir uns dieserhalb auf Dr. Grant's ausführliche mathematische Auseinandersetzungen, John Herschel's Verbesserungen der Tabellen über den tropischen, siderischen und synodischen Umlauf des Mondes, so wie diejenigen Erscheinungen in den Syzygien, betreffend, auf welche ein großer Theil der Theorie des Mondes sich gründet.

Es war am 10ten des Abends, ungefähr um halb zehn Uhr, – der Mond stand seit vier Tagen im ersten Viertel, – als der Astronom seine Instrumente richtete, um den östlichen Mondrand zu beschauen. Die ganze ungeheure Kraft des Teleskopes ward in Anwendung gebracht, und dem Bilde des Brennpunktes etwa die halbe Stärke des Mikroskopes applicirt. Als der Deckel des letztern abgenommen worden, erblickte man auf dem Gesichtsfelde eine über die ganze Fläche desselben sich erstreckende, prachtvolle, deutliche und selbst lebhafte Darstellung eines Basaltgebirges. Die Farbe desselben war grünlich braun, und die durch Zwischenräume auf der Leinwand genau begrenzte Breite der Säulen durchweg 28 Zoll.

Nicht der geringste Riß zeigte sich in der zuerst erschienenen Masse; nach einigen Secunden aber kam ein losgetrenntes Bruchstück von fünf oder sechs Säulen zum Vorschein, sechseckig von Form, und in der Zusammenfügung der einzelnen Theile den Basaltgebilden auf Staffa ähnlich. Dies umgestürzte Bruchstück war mit einer dunkelrothen, dem Papaver Rhoeas, oder der Klatschrose unserer sublunarischen Kornfelder vollkommen ähnlichen Blumengattung über und über bedeckt: dem ersten organischen Naturproducte einer andern Welt, welches dem menschlichen Auge enthüllt worden ist.

Die Schnelligkeit der Aufsteigung des Mondes, oder vielmehr der Rotation der Erde, welche bekanntlich fast 500 Yards in der Secunde beträgt, würde sicher die Betrachtung, und selbst die Entdeckung so kleiner Gegenstände, wie die eben gedachten, verhindert haben, wenn nicht der bewundernswürdige Mechanismus mittelst Beihülfe des Sextanten fortwährend die erforderliche Höhe der Linse regulirt hätte. Die Wirkung desselben erwies sich jedoch so vollkommen, daß die Beobachter den Gegenstand ihrer Betrachtung auf dem Gesichtsfelde, so lange sie wollten, festhalten konnten. Die durch Entdeckung einer Pflanzenart im Monde herbeigeführte Entscheidung einer wichtigen Frage war aber von zu großem Interesse, als daß sie das Verschwinden der erstern nicht möglichst verzögert hätte. Der Beweis war dadurch geliefert, daß der Mond eine der unsern ähnliche Atmosphäre habe, in welcher organische, und daher auch mit größter Wahrscheinlichkeit lebendige Geschöpfe sich aufhalten. – Bei ihrem Uebergange über die Leinwand erstrecken sich die Basaltfelsen auf drei Durchmesser des Gesichtkreises. Darauf erschien ein grüner Abhang von großer Schönheit, und doppelt so groß, als die vorhergehende Darstellung. Dann kam eine Masse, fast eben so hoch, wie die frühere, an derem

Fuße sie zu ihrer größten Ueberraschung etwas ganz Neues, – einen Mondwald erblickten!

Die Bäume, sagt Dr. Grant, waren während eines Zeitraumes von zehn Minuten unverändert von einer und derselben Art, und allen bis jetzt von mir gesehenen, die großen Eibenbäume auf England's Kirchhöfen, denen sie einigermaßen nahe kommen, etwa ausgenommen, ganz und gar unähnlich. – Sodann folgte eine ebene grüne Fläche, welche nach dem Bilde auf unserer Leinwand, das 49 Fuß hielt, gemessen, mehr als eine halbe Meile breit sein mußte; und hierauf ein Gehölz von so schönen, so unverkennbaren Tannen, wie ich sie nur je im Schooße meiner heimathlichen Gebirge emporsprossen sah. Ermüdet durch die ununterbrochene Folge derselben, verminderten wir die vergrößernde Kraft des Mikroskops, und wurden darauf gewahr, daß wir unvermerkt eine gebirgigte Gegend von hoher romantischer Schönheit und Abwechselung hinabgestiegen waren, und uns am Ufer eines Gewässers oder Landsee's befanden, dessen örtliche Beschaffenheit, Lage und Ausdehnung wir jedoch wegen der zu starken Vergrösserung noch nicht bestimmen konnten. Wir brachten daher unsere allerschwächste achromatische Linse in Anwendung, und bemerkten nunmehr, daß das von uns eben entdeckte Gewässer, seinem Umrisse nach, dem Mare Nubium, nach Riccioli's Benennung, entsprach. Dadurch fiel uns aber auf, daß, obgleich wir an der östlichen Seite des Mondes unsere Beobachtungen angefangen hatten, wir durch irgend eine Verzögerung in der Regulirung der großen Linse, bis beinahe auf die Achse des Aequators herabgekommen waren. Indessen, da der Mond ein freies Land ist, und wir nicht, wie bisher, an eine besondere Provinz uns fesseln wollten, wir auch in jedem beliebigen Augenblicke jede Stellung, welche wir wünschten, einnehmen konnten, so beschlossen wir, die Ufer des MARE NUBIUM durch unsere magischen Linsen zu untersuchen. Warum Riccioli gerade diese Benennung wählte, ist mir unbekannt, es müßte denn sein, um den Cleomenes lächerlich zu machen, denn schönere Ufer wahrlich wurden wohl schwerlich von Engeln auf einer Spazierfahrt jemals betreten. Ein Strand von glänzend weißem Sande, umgürtet mit wilden, hochgethürmten und, dem Anscheine nach, grünen Marmorfelsen, welche alle 2 oder 300 Fuß von dunkeln Klüften unterbrochen wurden, mit grotesken Kalk- oder Gypsblöcken, die Gipfel gekrönt und verschönt durch das hängende Laub unbekannter Bäume, bewegte sich in glänzenden Farben über die Wand unseres Zimmers, während wir sprachlos vor Bewunderung da standen. Das Wasser, so oft es in unserm Gesichtsfelde erschien, war blau, fast wie das des tiefen Oceans, und brach sich in langen weißen Wogen am Ufer. Auf einer Strecke von mehr als hundert Meilen ließen sich die Spuren hoher Fluthen deutlich an den Klippen wahrnehmen. So mannigfaltig die Scenerie dieser und der folgenden Gegenden aber auch war, so zeigte sich dennoch keine Spur von lebenden Wesen, obgleich es in unserer Macht stand, die Landschaften in der Perspective, oder ganz in der Nähe als Vordergründe zu betrachten. – Herr Holmes erklärte indessen einige weiße Gegenstände von rundlicher Form, die wir in einiger Entfernung im Innern einer Höhle erblickten, bona fide für Sorten von großen Ammonshörnern; mir aber schienen es lediglich große Kieselstücke, welche durch die Fluth dorthin gewälzt sein mochten. Unsere Jagd auf lebende Wesen sollte für dasmal noch nicht belohnt werden. Nachdem diese genaue Beobachtung fast zwei Stunden gedauert hatte, während welcher Zeit wir über eine weite Fläche Landes von ödem und, dem Anscheine nach, vulkanischem Charakter gekommen waren, auch nur wenige Spuren von Vegetation, mit

Ausnahme einer Art von Moos, die aller Orten in großem Ueberflusse wuchs, bemerkt hatten, machte Dr. Herschel den Vorschlag, alle unsere Linsengläser herauszunehmen, den Vorübergang des Panorama's zu beschleunigen, und einige der den Astronomen bekannten Hauptthäler zu durchmustern, – welches die wahrscheinlichste und sicherste Methode sei, die Beobachtungen dieser ersten Nacht durch Entdeckung lebender Wesen zu belohnen. Die Linsen wurden weggenommen, und der Glanz unseres über alle Maßen herrlichen Reflektors blieb unvermindert; wir fanden, in Uebereinstimmung mit unseren Berechnungen, daß unser Gesichtsfeld jetzt etwa 20 □Meilen von der Oberfläche des Mondes faßte, und zwar hinsichtlich der Darstellung sowohl der Umrisse, als der Einzelnheiten in einer solchen Deutlichkeit, wie sie bei Gegenständen auf der Erde, in einer Entfernung von 2½ englischen Meilen erreicht werden kann: ein optisches Phänomen, welches sich in der Note 5 erläutert findet.

Durch diese Einrichtung erhielten wir so schöne Landschaftsansichten, wie wir sie bisher noch nicht gehabt hatten, und obgleich die beschleunigte Bewegung beinahe zu groß war, so entzückte uns dennoch die Anschauung im höchsten Grade. Eine Anzahl jener bekannten, merkwürdigen Thäler, durch hohe Berge von so vollkommen konischer Form, daß man sie mehr für Werke der Kunst, als für die der Natur halten mögte, begränzt, zogen über die Leinwand, ehe wir Zeit hatten, ihren Flug zu ermäßigen. Gleich darauf aber erschienen so ganz und gar neue Bildungen, daß Dr. Herschel befahl, die Bewegung so viel als nur irgend möglich zu mindern. Es war eine hohe Kette obeliskförmiger, oder äusserst schlanker Pyramiden, die in unregelmäßigen Gruppen standen. Jede von ihnen bestand aus 30 bis 40 vollkommen viereckigen

Säulen, welche genau so geformt waren, als die schönsten Walliser Krystallarten, von zarter Lillafarbe und sehr glänzend. Ich glaubte ganz gewiß, daß wir nunmehr auf Gegenstände der Kunst gestoßen wären, aber Herr Dr. Herschel bemerkte schlau, daß, wenn die Mondbewohner 30 bis 40 Meilen lange Strecken mit Monumenten wie diesen bebauen könnten, wir unfehlbar schon früher andere von weniger zweideutigem Charakter entdeckt haben würden. Er nannte diese Gebilde Quartzformationen, von der rothweinfarbigen Amethystgattung, und versprach uns, nach diesen und anderen Beweisen, die wir von der Macht der Gesetze der Krystallisation auf diesem Trabanten erhalten hatten, ein reiches Feld für mineralogische Studien. Wir setzten eine Linse ein, und fanden seine Vermuthung vollkommen bestätigt. Es waren ungeheure Amethysten, wie verdünnter Rothwein von Farbe, und glühend im brennendsten Sonnenlichte. Ihre Höhe variirte zwischen 60 und 90 Fuß, doch sahen wir auch einige von viel beträchtlicherer, fast unglaublicher Größe. Sie befanden sich in einer Reihe von Thälern, die der Länge nach von rundlichen, mit Grün bedeckten, schönen, wellenförmigen Hügeln von einander geschieden waren. Aber was am bemerkenswerthesten ist, die Thäler, welche diese erstaunlichen Krystalle enthielten, waren durchgängig unfruchtbar und mit rostfarbenen Steinen, wahrscheinlich eisenartigem Schwefelkiese (IRON PYRITES) bedeckt. Wir fanden, daß diese Seltenheiten sich in einer, etwa eine halbe Meile oberhalb der unter dem Namen MARE FŒCUNDITATIS (nach Mayer und Riccioli) bekannten Vertiefung, deren Rand wir eben im Gesicht gehabt hatten, belegenen Gegend sich befanden. – Niemals aber wurde wohl ein unpassenderer Name gegeben, als dieser. Von »Dan bis Bersaba« war Alles öde, öde! Das Seeufer bestand ganz aus Kalk und Feuerstein, und keine Spur der geringsten Vegetation ließ sich durch unsere schärfsten Gläser entdecken. Nachdem die ganze Strecke des äussern Randes dieses See's, die ungefähr 300 Meilen betragen mochte, über unser Gesichtsfeld gegangen war, gelangten wir an eine wilde gebirgige Gegend mit ausgedehnteren Wäldern und größeren Baumarten, als wir bisher gesehen hatten; von den letzteren vermag ich jedoch nicht gut anzugeben, zu welcher Species sie eigentlich gehören mochten. Im Allgemeinen glich ihr Aeusseres dem unserer Waldeiche, ihr Baumschlag war aber schöner: breite, zungenförmige Blätter, wie die des Lorbeerbaumes, mit Büscheln gelber Blumen, die in den Zwischenräumen von den Zweigen bis auf den Boden herabhingen.

Nachdem diese Berge vorüber waren, gelangten wir in eine Gegend, die uns in das größte Erstaunen versetzte. Es war ein eirundes Thal, bis auf eine enge Oeffnung gegen Süden ganz umringt von Hügeln, roth, wie der reinste Carmin, die unzweifelhaft aus lauter Krystallisationen bestanden; denn in den senkrechten Abstürzen und Klüften – und diese fanden sich sehr häufig und von enormer Tiefe, – zeigten die senkrechten Abschnitte gehäufte gleichmäßig auf einander gefügte und in starken Schichten übereinander liegende Massen vieleckiger Krystallformationen, welche nach dem Grunde der Abstürze hin von dunkler Farbe sind. Zahllose Wasserfälle entsprangen dem Schooße dieser Felsen, und einige waren den Gipfeln derselben so nahe, und stürzten sich mit solcher Macht herunter, daß sie Bogen von vielen Yards im Durchmesser bildeten. Nie stand die Erinnerung an Byron's schönes Gleichniß: »Der Schweif des weißen Rosses in der Offenbarung« lebhafter vor mir. Am Fuße dieser Hügelreihe war ein vollkommner Kranz von Waldungen, welche das ganze Thal, dessen Größe sich ungefähr auf 18 bis 20 Meilen in seiner größten Breite, und 30 in der Länge, erstrecken konnte, umringten. Kleine Gruppen von Bäumen aller Art waren über die Fläche zerstreut, und hier war es, wo unsere Hoffnungen durch den Anblick belebter Wesen glänzend in Erfüllung gingen. Im Schatten der Bäume an der Südostseite sahen wir zahlreiche Heerden brauner Vierfüßler, die dem Aeussern nach vollkommen den Bisonochsen glichen, aber etwas kleiner waren, als irgend eine Gattung des BOS GENUS unserer Naturgeschichte. Ihr Schwanz war dem unsers BOS GRUNNIENS ganz ähnlich; aber hinsichtlich ihrer halbmondförmig gekrümmten Hörner, des Buckels auf dem Rücken, der Größe der Wampe, und der Länge ihres zottigen Haares, glichen sie vollkommen der Gattung, womit ich sie zuerst verglich; doch war die Bildung ihres Vorkopfes sehr unterscheidend (eine Bildung, die wir späterhin bei allen Thieren, welche wir noch entdeckten, vorfanden): diese bestand nämlich in einem großen fleischigen Wulst oberhalb der Augen, der sich quer über die Stirn bis zu den Ohren erstreckte. Wir konnten diese haarige Bedeckung ganz deutlich erkennen; ihre Gestalt war genau so, wie der Stirnumriß der den Damen nicht unbekannten Haube der Königin Maria von Schottland, und mittelst der Ohren bewegbar. Der Scharfsinn Dr. Herschel's entdeckte sogleich, daß dies eine weise Vorrichtung des Schöpfers sei, um die Augen des Thieres gegen die zu großen Extreme des Lichts und der Finsterniß, welcher alle Bewohner der uns gegenüberstehenden Seite des Mondes periodisch unterworfen sind, zu schützen. Das zunächst von uns entdeckte Thier würde auf der Erde für eine Mißgeburt gehalten werden. Es war bläulich bleifarben, von der Größe einer Ziege, mit Kopf und Bart wie diese, und einem einzigen, ein wenig nach vorn gekrümmten Horne. Das Weibchen hatte weder Horn noch Bart, aber einen viel längeren Schwanz. Dieses Thier fand sich in ganzen Heerden, und namentlich häufig an den steileren

Abhängen der Bergwaldungen. Hinsichtlich des Ebenmaßes und der Zierlichkeit in seinen äußern Formen wetteiferte es mit unserer Antilope, und gleich dieser schien es ein munteres, lebhaftes Geschöpf, das mit großer Schnelle sich bewegte und unter unzähligen Possen, gleich einem jungen Lamme oder Füllen, über den grünen Rasen dahinsprang. Dieses schöne Thier machte uns unbeschreibliches Vergnügen. Das Possirliche seiner Bewegungen stellte sich auf unserer Leinewand so treu und deutlich dar, wie wenn man selbige auf der Tafel einer CAMERA OBSCURA, von der es nur wenige Yards entfernt wäre, betrachtet hätte. Oefters machten wir den Versuch, mit dem Finger auf den Bart oder Schwanz eines der Thiere zu tupfen, dann aber sprang es plötzlich davon, als ob es eine Ahnung von unserer irdischen Unhöflichkeit gehabt hätte; doch sogleich erschienen wieder andere, die sich ganz und gar nicht hindern ließen, die Kräuter und Gräser abzunagen, wir mochten ihnen thun oder sagen, was wir wollten.

Nunmehr begannen wir, den Mittelpunkt des Thales zu durchmustern, und fanden einen breiten vielarmigen Fluß mit hübschen Inseln und Wasservögeln mancherlei Arten. Am zahlreichsten war eine Species des grauen Pelikans; indessen erschien ein schwarz und weisser Kranich mit ungewöhnlich langen Beinen und Schnabel auch sehr häufig. Augenscheinlich waren sie mit Aufsuchung ihres Fraßes beschäftigt, und wir beobachteten eine ganze Weile ihre Bewegungen, in der Hoffnung, einen selenitischen Fisch zu Gesicht zu bekommen. Aber obgleich uns dies fehlschlug, erriethen wir doch leicht den Zweck, weshalb sie ihre langen Hälse so tief in's Wasser tauchten. An dem obern Ende einer dieser Inseln wurde uns der kurze Anblick eines sonderbaren amphibienartigen Geschöpfes von runder Form, welches mit großer Geschwindigkeit sich quer über das steinige Gestade dahinrollte und im Strome, der an dieser Spitze der Insel eine Wendung macht, uns aus dem Gesichte kam. – Leider waren wir genöthigt, dieses schöne fruchtbare Thal undurchforscht zu verlassen, da in der Mondatmosphäre sich Wolken anhäuften, während die unsrige klar und rein war. Indessen war dies an und für sich schon eine interessante Entdeckung: denn entferntere, oder vielmehr mit weniger scharfen Instrumenten versehene Beobachter haben bis jetzt die Frage, »ob der Mond eine feuchte Atmosphäre habe«, in Zweifel gelassen oder gar verneinend beantwortet.

Der Mond stand jetzt niedrig und neigte sich zum Untergange. Dr. Herschel bemerkte daher, daß die wachsende Strahlenbrechung jeder ferneren genügenden Fortsetzung unserer Arbeiten hinderlich sein würde; auch waren unsere intellectuellen Kräfte durch die gehabte Anstrengung und den erhabenen Genuß, dessen wir theilhaft geworden, so angegriffen, daß wir gegenseitig beschlossen, die Assistenten bei der Linse draussen hereinzurufen, und ihre ununterbrochene Aufmerksamkeit mit einigen vollen Bechern des besten »ostindischen Besonderen« zu belohnen.

Doch nur mit Bedauern verließen wir das schöne Thal der rothen Berge, und nannten es aus Achtung gegen unsern königlichen Beschützer nach dem Wappen desselben: »Thal des Einhorns«. Man findet es auf Blunt's Karte gerade in der Mitte zwischen dem MARE FŒCUNDITATIS und dem MARE NECTARIS.

Die Nächte des 11ten und 12ten waren wolkig und ferneren Beobachtungen nicht günstig; in den beiden folgenden, des 13. und 14. Januars aber, wurden weitere Entdeckungen,

T. IV

Napoli 1° Aprile 1836

DILIGENZA DI RITORNO DALLA LUNA

namentlich von Thieren gemacht, die für jeden Menschen vom höchsten Interesse sein müssen. Wir geben selbige in der malerischen Sprache unsers talentvollen Berichterstatters.

Die staunenerregenden herrlichen Entdeckungen, die wir während der Beobachtungen in der ersten Nacht gemacht hatten, und die glänzenden Erwartungen, welchen sie für die Zukunft Raum gaben, machten jede Stunde Mondlicht zu schätzbar, als daß wir uns mit dem Entbehren desselben während zweier wolkigten Abende hätten aussöhnen können, da wir nicht mit streng philosophischer Geduld begabt waren, obgleich unsere Aufmerksamkeit genug durch die Errichtung additioneller Stützen und Bänder zu der Linse von 24 Fuß in Anspruch genommen war, welche durch einen heftigen Wind am 11ten des Morgens etwas vibrirt hatte. – Die Nacht vom 13. Januar war von ausserordentlicher Klarheit und Lieblichkeit. Der Mond erhob sich in schimmernder Pracht am Himmel, und die Sterne, ihm nahestehend, ließen ihm die unbeschränkte Herrschaft über die Hemisphäre. Da dies der vorletzte Abend in diesem Monate war, an welchem wir, der Libration (Schwankung) in die Länge wegen, welche darauf eintrat, Gelegenheit hatten, seine Westseite zu beobachten, so benachrichtigte uns Dr. Herschel, daß er unsere Observationen auf No. 2, 11, 26 und 20 nach Blunt's Mondkarte lenken würde, welche im neuern Cataloge unter den Namen Endymion, Cleomenes, Longrenus und Petavius bekannt sind. Der sorgfältigen Untersuchung dieser, wie der Räume zwischen denselben und dem äussersten Rande, nahm er sich vor, diese dazu überaus günstige Nacht zu widmen.

Als wir hierauf die Oberfläche von 25 Meilen in der Breite in Augenschein genommen hatten, und nun mit langsamer Bewegung fortrückten, fanden wir bald den ersten, sehr sonderbar beschaffenen Gegenstand unserer Untersuchung, einen höchst bergigten District, dessen erhabene höchste Ketten drei kleine Ovale bilden, wovon sich zwei in dünnen Punkten nähern und durch eine Hügelmasse von großer Länge und Höhe verbunden sind, indem sie die Gestalt einer Flechte Garn annehmen, wovon sich die Enden allmälig vom Bindeknoten an geöffnet haben. Auch das dritte Oval gleicht einem solchen Strange und liegt gleichsam wie nachlässig der Hand der Natur entfallen, mit den andern verbunden; der Theil aber, den man als das zweite Ende dieser zweiten Flechte betrachten könnte, erschiene alsdann aufgeschnitten und in zerstreuten Fäden kleiner Hügel, die eine große Strecke flachen Landes bedecken. – Die Basis dieses Gebirges ist so auffallend, daß sie in fast allen ausführlichen Mondkarten, die je entworfen wurden, genau angegeben ist; in der Blunt'schen, welche die beste ist, correspondirt sie genau mit meiner Beschreibung. – Im Bereich des ebenerwähnten gebrochenen Hügelbogens steht ein ovalförmiger Berg, ein Thal von ungeheurem Umfange einschließend und an der Westseite mit einem Vulkan versehen, der sich in einem Zustande fürchterlichen Ausbruches befindet. Nordöstlich hiervon und den »zerbrochenen,« oder wie sie Herr Holmes nannte, den »Landstreicher-Bergen« gegenüber, sind drei andere abgelös'te, längliche Bildungen, von welchen die größte und letzte mit F im Cataloge bezeichnet ist, und gewöhnlich MARE MORTUUM oder das todte Meer genannt wird.

Mehr aus Neugier als aus philosophischen Beweggründen, die Ursache eines so düsteren Namens zu entdecken, benutzten wir hier zuerst unsere Hydrooxigen-Vergrößerungsgläser bei dem Focus (Brennpunktsobject) der großen Linse. Unser 25 □Meilen großes Gesichtsfeld faßte den ganzen Umfang dieser großen Bergkette, und mithin auch die beiden kegelförmigen Hügel, welche, ungefähr 5 Meilen auseinander, aus derselben hervortreten. Obgleich die Breite dieser Aussicht die Gegenstände im Allgemeinen in einer Entfernung von 2½ Meilen wies, so konnten wir doch diese Centralhügel nicht mit Genauigkeit untersuchen. Es schien nicht solcher Nebel und Rauch sie zu umhüllen, als es bei dem Vulcan der Fall war, den wir im Südwesten gelassen hatten; aber dennoch zeigten sie sich, im Vergleich, zu diesem, auf der Leinwand undeutlich. So wie wir zu der Gaslinse kamen, war das Räthsel gleich gelöst: es waren Krater ausgebrannter Vulcane, aus denen noch eine erhitzte, aber durchsichtige Ausdünstung quoll, welche sie scheinbar in schwankender oder zitternder Bewegung erhielt, was der Untersuchung höchst ungünstig war.

Die Krater dieser beiden Hügel waren, so gut sich bei diesem Hinderniß schließen ließ, 15 Faden tief, ohne alle Spur von Feuer, und fast durchgängig von gelblich-weißer Farbe. Der Diameter eines jeden betrug ungefähr 1⁄9 Diameter unsers Bildes, oder beinahe 450 Fuß, und die Weite des sie umgebenden Randes ungefähr 1.000 Fuß; dennoch hatten diese beiden Feuerfänge der unterirdischen Tiefe, ungeachtet ihrer engen Mündungen, augenscheinlich den ganzen Umfang des Thals, in welchem sie sich befanden, mit der Lava und Asche angefüllt, womit es bedeckt war, und selbst zur Höhe beigetragen, wenn nicht gar die Entstehung der sie umgebenden ovalen Bergkette bewirkt. Diese Berge (wie später nach der Fläche einiger großen, sie umgebenden Seen ausgemessen wurde) sind durchschnittlich 2.800 Fuß hoch, und Dr. Herschel schloß hieraus, wie aus der großen Ausdehnung ihrer Basis, welche viele Meilen weit um sie in's Land lief, daß diese Vulcane seit einer Million Jahre in voller Thätigkeit gewesen sein müssen. Lieutenant Drummond dagegen vermuthete, daß der ganze Umfang dieses ovalen Thales eher nur der ausgebrannte Krater eines einzigen ungeheuren Vulcans sei, welcher im Erlöschen diese beiden unbedeutenden Repräsentanten seiner Macht hinterlassen habe. Ich glaube, daß Dr. Herschel nachher dieser wahrscheinlichen Theorie ebenfalls beitrat, welche in der That durch die allgemeine Geologie des Planeten bestätigt wird; es giebt kaum 100 Meilen auf seiner Oberfläche, die größten Meere und Seen nicht ausgenommen, in welchen nicht leicht kreisförmige oder ovale Bergrücken zu finden wären, und viele, sehr viele derselben, die zahlreiche Hügel in voller vulcanischer Bewegung einschließen, welche jetzt viel niedriger als die sie umgebenden Kreise liegen, lassen keinen Zweifel übrig, daß jede dieser großen Formationen ein Ueberbleibsel eines großen Berges bildet, welcher ausgebrannt ist und nur diese weiten Grundlagen seiner äussern Größe zurückgelassen hat. Einen unmittelbaren Beweis hiervon gewährt ein in voller Kraft sich befindender enormer Vulcan, dessen ich späterhin erwähnen werde. Was dem eben beschriebenen ringförmigen Bogen den Namen »todter See« gegeben haben mag, ist, wie ich vermuthe, das dunkle Aussehen des Thals, das ihn einschließt, und das bei einer entfernteren Beschauung als der unsrigen, gewiß im allgemeinen Aussehen dem des Wassers dieses Planeten gleicht. Das Land umher ist im höchsten Grade fruchtbar. – Zwischen diesem Kreise und No. 2 (ENDYMION) zählten wir nicht weniger als zwölf herrliche Wälder, durch offene Ebenen von einander getrennt, welche wie ein grüner Ocean wogten, und wahrscheinlich große Steppen (PRAIRIES) gleich den nordamerikanischen sind. In dreien derselben entdeckten wir zahlreiche Heerden vierfüßiger Thiere, unsern Freunden, den Bisonochsen im Einhornthale, ähnlich, aber viel größer; – und kaum zeigte sich in unserm Panorama ein Gehölz, in dem wir nicht auch sogleich Züge weiß und roth gefiederter Vögel erblickt hätten.

Endlich beobachteten wir Endymion genau. Wir fanden jedes der drei Ovale in seinem innern Raume vulcanisch und unfruchtbar, – den äusserlich sie umgebenden oberen Theil aber sehr reich mit allen erdenklichen Erzeugnissen eines ergiebigen Bodens bedeckt. Dr. Herschel classificirte nicht weniger als 38 Sorten Waldbäume und fast zweimal so viel Pflanzen, die allein auf dieser Strecke gefunden wurden, und sehr verschieden von denjenigen waren, welche man in Breiten näher dem Aequator findet. Unter den Thieren unterschied Dr. Herschel neun Gattungen Säugethiere und fünf eierlegende. Unter ersteren sind eine kleine Sorte Rennthiere, das Elenthier, der gehörnte Bär und der zweifüßige Bieber. Letzterer gleicht unserm Bieber in jeder Hinsicht, bis auf den Mangel eines Schwanzes und seiner fortwährenden Gewohnheit, nur auf zwei Füßen zu gehen. Er trägt seine Jungen im Arme, gleich dem Menschen, und bewegt sich mit leicht dahingleitendem Schritte; seine Hütten sind besser und höher gebaut, als diejenigen manchen Stammes menschlicher Wilden, und aus dem fast in allen bemerklichen Rauch läßt sich schließen, daß den Bewohnern der Gebrauch des Feuers bekannt sei. Dessenungeachtet unterscheiden sich nur Kopf und Schwanz (wie angeführt) von dem unsers Biebers, und nie wurde das Thier anders als am Ufer von Seen und Flüssen gesehen, in welche man es sich mehrere Secunden lang tauchen bemerkte.

Dreißig Grade südlicher in No. 11 oder CLEOMEDES liegt ein sehr großer ringförmiger Berg mit drei besondern Kratern, welche schon seit so langer Zeit ausgebrannt sind, daß das ganze sie umgebende Thal, welches 11 Meilen im Umfange hat, dicht, fast bis an den Gipfel der Hügel, mit Wald bedeckt ist. Nicht eine Ruthe kahlen Landes, ausser dem äussersten Gipfel der Krater, findet sich. Dieser Krater konnte völlig übersehen werden, und kein Geschöpf zeigte sich, ausser einem großen weissen Vogel, der einem Storche glich. – Am südlichen Ende des Thals ist ein natürlicher Bogengang oder eine Höhle von 200 Fuß Höhe und 100 Fuß Weite, durch die ein Fluß läuft, der sich in einen 80 Fuß tiefen Abgrund von grauen Felsen stürzt, und dann meilenlang einen armigen Strom durch schöne, feldartige Gegend bildet. – Zwanzig Meilen von diesem Wasserfall befindet sich der größte See oder vielmehr das größte Binnenwasser, welches sich auf der ganzen beleuchteten Oberfläche von 7½ Millionen Quadratmeilen findet, welche diese Seite des Mondes enthält.

Die Breite dieses See's ist von Osten nach Westen 198 Meilen, und von Norden nach Süden 266 Meilen; seine Gestalt nach Norden ist dem bengalischen Meerbusen nicht ungleich, und mit kleinen Inseln besetzt, die meist vulcanischer Natur sind. Zwei derselben auf der Ostseite sind jetzt im heftigen Ausbruche; aber selbst unsere am wenigsten vergrößernden Gläser waren, des unsere Blicke umwölkenden Rauchs und Aschenregens halber, noch zu groß, um sie zu untersuchen. Nach den Beobachtungen des Lieutenants Drummond durch unser 2.000 mal vergrößerndes Spiegelteleskop zeigten sie große Pracht. In einer Bai auf der Westseite des Sees ist eine 55 Meilen lange Insel von halbrunder Form, über und über mit prächtigen Naturschönheiten, aus dem Pflanzen- wie aus dem Thierreiche, bedeckt. Die Hügel sind mit großen Quarzkrystallen von so reicher gelber und orange Farbe besäet, daß wir sie anfangs für Flammenpunkte hielten und so springen sie aus den glatten Hügelreihen hervor, die wie mit einem Sammtmantel bedeckt sind. Selbst in den bezaubernden kleinen Thälern dieser Insel konnten wir häufig diese prachtvollen natürlichen Spitzen sehen, welche aus der Mitte dunkler grüner Gehölze, gleich Kirchthürmen in den

Thälern Westmorelands, hervorstiegen. Hier bemerkten wir zuerst den Mondpalmbaum, welcher sich von dem unserer tropischen Länder nur durch die Eigenthümlichkeit besonders großer, hochrother Blumen unterscheidet, statt des Spadix (Aehrenbüschels), der aus dem gewöhnlichen Kelche hervortritt. Wir entdeckten indeß keine Frucht auf irgend einem Exemplar: ein Umstand, dessen Grund wir in den großen (theoretischen) Extremen des Mondclima's zu finden glaubten. Dessenungeachtet nahmen wir auf einer sonderbaren Art von Baum Melonenfrüchte in großer Menge und in jedem Grade des Ansatzes und der Reife wahr. Die allgemeine Farbe dieser Gehölze war dunkelgrün, doch nicht ohne gelegentliche Mischung jeglicher Schattirung unserer Waldjahrzeiten. Der hectische Ueberflug des Herbstes war öfter über die Wangen des aufkeimenden Frühlings gegossen, und die freundliche Hülle des Sommers umgab an einigen Stellen Bäume, so blattlos, wie die Opfer des Winters. Es schien, als wenn alle Jahrszeiten sich hier in ewiger Harmonie die Hand reichten. – Von Thieren sahen wir nur ein niedlich gestreiftes Quadruped, ungefähr 3 Fuß hoch: ein Miniatur-Zebra, welches immer in kleinen Heerden auf dem grünen Hügelmantel angetroffen ward; ferner zwei oder drei Arten langgeschweifter Vögel, welche wir für Gold- und blaue Fasanen hielten. – Am Ufer dagegen erblickten wir eine zahllose Menge einschaliger Muscheln, und unter diesen einige große flache, welche meine drei Gefährten sämmtlich für Ammonshörner hielten; und ich gestehe, ich war gezwungen, meinem skeptischen Glauben an Kiesel zu entsagen. Die Klippen längs dem Ufer waren ganz von der Fluth untergraben; sie waren sehr ausgehöhlt, und gelbe Krystallstalactiten, größer als ein Mannsschenkel, schossen auf allen Seiten hervor. In der That schien jede Wurzel dieser Insel krystallisirt zu sein; Massen abgefallener glänzender Steine fanden wir an jedem Ufer, das wir untersuchten, und auf jedem Stück Land. – Das Ganze glich mehr einer Schöpfung orientalischer Phantasie, als einer fernen Abweichung der Natur, welche durch die Macht der Wissenschaft in den Bereich der Augen gebracht worden war. – Die auffallende Unähnlichkeit dieser Insel mit allen andern, welche wir auf den angeführten Gewässern gefunden hatten, so wie deren Nähe am festen Lande, ließ uns vermuthen, daß sie nicht einen Theil desselben gebildet habe, zumal ihre bogenartige Bai die erste einer Kette kleinerer Inseln einschloß, welche directe dahinliefen. Diese Insel war ein reiner Quarzfelsen, welcher der blauen Tiefe thurmartig, ohne Ufer oder Vorland, entstieg; dabei glänzte sie in der Sonne, wie ein Saphir, gleich all den kleineren Inseln, deren Beherrscherin sie zu sein schien. Unsere Theorie wurde schnell bestätigt, denn das ganze Ufer des Festlandes war mit diesen unerreichbaren Juwelen besetzt und bethürmt, und als wir unser Glas so stellten, daß es den äussersten Rand des erleuchteten Umkreises des Planeten einschloß, konnten wir sie noch durch eine Region von hunderten von Meilen in gedrängten Reihen schimmern sehen. Wirklich konnten wir das Ende dieses Zauberlandes nicht erforschen, denn da die Libration des Planeten diese Gipfel unsern Blicken entzog, so entfernten wir uns von seiner westlichen Grenze.

Hiedurch wurden wir erinnert, daß wir keine Zeit zu verlieren hatten, den uns zunächst vorgesetzten Gegenstand unserer Beobachtung zu suchen: den LONGRENUS oder No. 26, welcher fast im Bezirke der Libration sich befindet, und von dem Dr. Herschel deshalb einige besondere Vermuthungen hegte.

Nach einem kurzen Aufenthalt im Hinaufrücken des Observatoriums mittelst der Hebel, und im Reguliren des Linsenglases, fanden wir unsern Gegenstand und überschauten ihn. Es war ein dunkler enger See, 70 Meilen lang, im Osten, Norden und Westen von dergleichen rothen Bergen begrenzt, wie das Einhornthal umgeben, von welchem er südwestlich ungefähr 160 Meilen entfernt ist. Dieser See grenzt, gleich jenem Thale im Süden, eine nur 10 Meilen weite Ebene, welche hier von einem wahrhaft prächtigen Amphitheater der erhabensten Ordnung lunarischer Hügel umgeben ist. In einem Halbzirkel von sechs Meilen sind diese Hügel von oben bis unten so perpendiculair gespalten, wie die äussern Mauern des Colosseums zu Rom; dabei aber die stolze Höhe von mindestens 2.000 Fuß in einer glatten, unzerstückten Oberfläche entfaltend. Wie die Natur mit dieser ungeheuren Masse, welche sie so wunderbarer Weise zusammengetragen hat, verfahren sein mag, weiß ich nicht; so viel aber ist gewiß, daß keine Fragmente davon auf der Ebene geblieben sind, welche letztere einen Abhang ohne einen einzigen Vorsprung bildet, ausgenommen eine wellenförmige Strecke Waldung, die in mancherlei wilden Formen der Breite und des Laufs sich bis an den Rand des Sees zieht. Die schwindelnde Höhe und die Ausdehnung dieses perpendiculairen Gebirgs, mit seiner glänzenden hochrothen Aussenseite gegen den Waldkranz auf seinem Gipfel und dem Grün der offenen Ebene unter ihm contrastirend, füllte unsere Leinwand mit einer Landschaft, in harmonischer Größe unübertroffen von jeder, welche wir bisher gesehen hatten. Unsere 25 Meilen-Perspective umschloß dieses bemerkenswerthe Gebirge, die Ebene, einen Theil des Sees und die letzten erhöhten Gipfel der Hügelkette, von welcher der letztere fast umgeben ist. Wir wünschten sehnlichst, daß Jedermann eine so fremdartig erhabene Scene mögte sehen können, und unsere Herzen klopften bei der Hoffnung, daß wir selbige einst unsern Landsleuten in jedem Theile unsers Vaterlandes würden zeigen können. Endlich aber waren wir genöthigt, unser Gemälde als Ganzes zu zerstören, um seine einzelnen Theile für wissenschaftliche Anschauung zu vergrößern.

Unsere Fläche war demzufolge sogleich mit der rothen Fronte jenes mächtigen Amphitheaters, seinen hohen Figuren, stürzenden Cascaden und schroffen Höhlen bedeckt. Als seine fast unendliche Strecke auf der Leinwand ausgemessen war, bemerkten wir vielfältig lange Reihen eines gelben Metalls, das aus den Spalten der horizontalen Schichten in wildem Netzwerk oder in geradehängenden Zweigen hing. Wir schlossen demzufolge, daß es Jungferngold sei, und hatten keinen Münzmeister bei der Hand, um das Gegentheil zu beweisen. Indem wir die Ebene suchten, über die wir den Wald in allen Wolkenbildungen der Luft hatten hinstreichen sehen, wurden wir auf's Neue durch die Entdeckung von Thieren erfreut. Das erste, welches wir bemerkten, war ein Quadruped mit einem erstaunlich langen Nacken, einem Kopf, wie der eines Schaafs, und zwei langen spiralförmigen Hörnern, die so weiß wie geglättetes Elfenbein waren und mit einander perpendiculair parallel standen; der Körper war rothwildartig, aber die Vorderbeine unverhältnißmäßig lang, und der Schwanz, welcher sehr buschig und schneeweiß war, kräuselte sich hoch über den Rumpf, und hing zwei oder drei Fuß zur Seite nieder. Die Farben des Thieres waren glänzend kastanienbraun und weiß, in scheckigen scharfbegrenzten Flecken, von unregelmäßiger Form. Es wurde nur paarweise, in Zwischenräumen in der Waldung gefunden, und wir hatten keine Gelegenheit, uns von seiner Schnelligkeit und seinen Gewohnheiten zu überzeugen. Indeß vergingen nur ein paar Minuten, als schon drei Proben eines andern Thiers erschienen, das uns Allen so wohlbekannt war, daß wir bei seinem Erscheinen in einem fernen Lande recht tüchtig lachten.

N.° V

SCOPERTA LUNARE

Dies waren nämlich nichts mehr oder minder als drei große gute Schaafe, die den Meierhöfen in Leicestershire oder den Fleischbänken von Leadenhallmarket keine Schande gemacht haben würden. Bei der sorglichsten Untersuchung konnten wir kein Zeichen finden, welches die Schaafe von den unsrigen unterschieden hätten: sie hatten nicht einmal den Zubehör über den Augen, den ich als den Mondquadrupeden sonst eigenthümlich beschrieben habe. Jetzt erschienen sie in großer Anzahl, und bei dem Zurückstellen der Linsen fanden wir sie in Heerden über einen großen Theil des Thals verbreitet. Ich brauche wohl kaum zu sagen, wie begierig wir waren, Hirten zu diesen Heerden zu finden, und selbst ein Mensch mit blauem Schurz und aufgekrämpten Aermeln wäre ein willkommner Anblick für uns, wenn auch gerade nicht für die Schaafe gewesen; diese weideten aber im Frieden, Herren ihrer eigenen Weiden, sowohl ohne Beschützer als Verderber in Menschengestalt.

Endlich näherten wir uns der Gesichtslinie nach dem See hinaus, wo das Thal sich bis zu einer Meile in die Weite verengt, und auf beiden Seiten eine Scenerie darbietet, welche sowohl in pittoresker als romantischer Hinsicht über alle Beschreibung erhaben ist. Nur die Einbildungskraft, auf den Flügeln der Dichtkunst getragen, könnte Gleichnisse aufstellen, um die wilde Erhabenheit dieser Landschaft zu schildern, wo dunkle Behemothklippen, gleich Wällen in der Luft, über den Absturz steiler Abgründe ragten; Waldungen schienen sich mitten in der Luft auszudehnen. – Auf der Ostseite war eine hohe baumgeschmückte Klippe, welche in einer krummen Linie, gleich drei Vierteln eines gothischen Bogens, herüberhing, und da sie von einer reichen hochrothen Farbe war, so war der Eindruck davon höchst fremdartig auf Geister, welche nicht an die Verknüpfung solcher

Erhabenheit mit solcher Schönheit gewöhnt sind. Aber indem wir sie in einer Perspective von ungefähr einer halben Meile beschauten, waren wir vor Erstaunen ausser uns, vier aufeinanderfolgende Heerden großer beflügelter Geschöpfe, welche durchaus keiner Art von Vögeln ähnelten, mit langsamer gleichförmiger Bewegung von den Klippen auf der Westseite herunterkommen und sich auf der Ebene niederlassen zu sehen. Sie wurden zuerst von Dr. Herschel bemerkt, welcher ausrief: »Nun, meine Herren, meine Theorien gegen Ihre Beweise, was Sie so oft eine ziemlich gleiche Wette genannt haben. Wir haben hier etwas Bemerkenswerthes zu betrachten: ich war überzeugt, daß wenn wir je Wesen in menschlicher Gestalt finden würden, es in diesen Längengraden sein müßte, und daß sie vom Schöpfer einige aussergewöhnliche Kräfte zur Ortsveränderung erhalten haben müßten; nehmen Sie nun zuerst meine Nummer D.« Diese Linse, welche bald eingesetzt war, gab uns eine schöne Entfernung von einer halben Meile, und wir zählten drei Haufen jener Geschöpfe, von respective 12, 9 und 15, welche aufwärts gegen einen kleinen Wald nahe dem Anfang der östlichen Abgründe gingen. Wirklich waren sie menschlichen Wesen gleich, denn ihre Flügel waren nun verschwunden, und ihre Haltung im Gehen war sowohl aufrecht als würdig. –

Nachdem wir sie in dieser Entfernung einige Minuten beobachtet hatten, gebrauchten wir die Linse H. z., welche sie zu der anscheinenden Nähe von 80 Yards brachte; die klarste Größe, welche wir bis Ende des März besaßen, wo wir eine Verbesserung in dem Gasbrenner einführten. Ungefähr die Hälfte des ersten Haufens war vor unserer Leinwand passirt; alle Uebrigen aber konnten wir vollkommen genau und überlegend betrachten. Sie waren ungefähr 4 Fuß hoch, waren, mit Ausnahme des Gesichts, mit kurzen, glatten, kupferfarbigen Haaren bedeckt, und hatten Flügel, welche aus einer dünnen elastischen Haut ohne Haaren bestanden, die hinten zusammengerollt von der Schulterspitze bis zu den Waden lag. Das Gesicht, welches von gelblicher Fleischfarbe war, zeigte eine kleine Veredlung gegen das des großen Orangutangs, da es offener und klüger aussah und eine weit größere Ausdehnung des Vorkopfes zeigte. Indeß war der Mund sehr hervorstehend, obgleich dies etwas durch einen dicken Bart auf dem untern Kinnbacken und durch Lippen von weit menschlicherer Form als diejenigen irgend einer Species des Affengeschlechts verdeckt wurde. In allgemeiner Symmetrie des Körpers und der Glieder waren sie dem Orangutang unendlich überlegen, und zwar so, daß Lieutenant Drummond sagte, sie würden bis auf ihre langen Flügel sich eben so gut auf dem Paradeplatze ausnehmen, als einige der alten Cockney-Milizen! Das Haupthaar war dunkler als das Körperhaar, dicht, gekräuselt, aber augenscheinlich nicht wollig, und lag in zwei sonderbaren Halbzirkeln über den Schläfen des Vorkopfes. Die Füße konnten wir nur sehen, wenn sie nach einander im Gehen emporgehoben wurden; nach dem, was ein so vorübergehender Anblick zu sehen gestattete, schienen sie dünne und sehr hervorragend an der Ferse. Indem sie auf der Leinwand vorübergingen und wann wir sie später sahen, waren diese Geschöpfe augenscheinlich in Unterredung begriffen; ihre Gesticulation, besonders die veränderlichen Bewegungen ihrer Hände und Füße, erschienen leidenschaftlich und emphatisch. Wir nahmen daraus ab, daß sie vernünftige Wesen seien, und wenngleich vielleicht auf keiner so hohen Stufe stehend, als andere, welche wir im nächsten Monat an den Ufern der Regenbogenbai fanden, doch fähig, Werke der Kunst und der Erfindung hervorzubringen. Die nächste Ansicht von ihnen stellte sie noch günstiger dar. Sie fand am Rande eines kleinen See's oder größeren Stromes statt, welchen wir zum ersten Male das Thal hinab zu dem großen See fließen sahen; am östlichen Ufer erhob sich ein kleiner Wald. Einige jener Geschöpfe waren über das Wasser geflogen, und lagen, gleich ausgebreiteten Adlern, am Saume des Waldes. Wir konnten nun bemerken, daß ihre Flügel eine große Ausdehnung besaßen und in der Striktur Fledermausflügeln glichen, da sie aus einer halb durchsichtigen elastischen Haut bestanden, welche in krummlinigen Abtheilungen vermittelst gerader Halbmesser ausgespannt war, die durch die Rückenhaut verbunden wurden. Was uns aber am meisten in Erstaunen setzte, war der Umstand, daß die Membrane von der Schulter bis zu den Beinen hinunter zusammenhängend, obgleich in der Weite abnehmend, war. Die Flügel schienen völlig der Willenskraft unterworfen zu sein, denn diejenigen Geschöpfe, welche wir badend sahen, spreizten sie sogleich in ihrer völligen Weite aus, schwangen sie, wie die Enten, um das Wasser abzuschütteln, und falteten sie sodann eben so schnell wieder in eine compacte Form zusammen. Unsere ferneren Beobachtungen hinsichtlich der Gewohnheiten dieser Geschöpfe (welche von beiden Geschlechtern waren) führten zu so beachtungswerthen Resultaten, daß ich es vorziehe, sie dem Publicum zuerst in Dr. Herschel's eigenem Werke vorlegen zu lassen, wo ich Ursache habe, zu glauben, daß letztere vollständig und getreu niedergelegt sind, so ungläubig sie auch aufgenommen werden mögen. – Die drei Familien spannten darauf fast gleichzeitig ihre Flügel aus und verloren sich in den dunklen Ecken der Leinwand, ehe wir Zeit hatten, von unserm lähmenden Erstaunen zu uns zu kommen.

Wir benannten die Classe dieser Geschöpfe mit dem wissenschaftlichen Namen »VESPERTILIO-HOMO« oder »Fledermausmensch«, und es sind ohne Zweifel unschuldige glückliche

Creaturen, obgleich einige ihrer Vergnügungen sich nur schlecht mit unsern irdischen Ansichten vom Decorum vertragen würden. Das Thal selbst nannten wir das Rubinen-Colosseum, mit Anspielung auf seine bewundernswürdige südliche Grenze, die sechs Meilen lange Strecke rother, 2.000 Fuß hoher Abstürze. Da nun die Nacht, oder besser der Morgen, weit vorgerückt war, so schoben wir unsern Abstecher nach Petavius (No. 20) bis zu einer andern Gelegenheit auf. – –

Wir sind bei Erzählung des Vorstehenden getreulich Dr. Grant's Privatwunsche gefolgt, diejenigen höchst seltsamen Stellen in seiner Correspondenz auszulassen, welche er uns zu unterdrücken ersuchte, obgleich wir nicht ganz die Macht der Gründe wahrnehmen können, welche derselbe dafür angab. Wahr ist es, daß die ausgelassenen Stellen Facta enthalten, die völlig unglaublich für diejenigen Leser sein würden, die nicht sorgfältig die Grundzüge und die Fähigkeit des Instruments untersuchen, womit diese merkwürdigen Entdeckungen gemacht worden sind; indeß wird dies schon der Fall mit allen den Facta sein, welche Dr. Grant uns zu veröffentlichen erlaubte; und hielten wir deshalb die erklärende Beschreibung des Teleskops vorauszuschicken wichtig. Uebrigens sind wir überzeugt, daß vermöge der erwähnten und andrer unterdrückter Stellen, welche darin veröffentlicht werden sollen, und zwar mit hinzugefügter Beglaubigung der Civil- und Militair-Behörden der Colonie und verschiedener bischöflichen, wesleyanischen und andrer Geistlichen, welchen im verflossenen Märzmonat unter der Bedingung vorläufiger Geheimhaltung der Besuch des Observatoriums gestattet wurde, und die solchergestalt Augenzeugen der Wunder wurden, welche man sie zu bescheinigen ersuchte, die bevorstehenden Werke des Dr. Herschel zugleich das

Höchste in wissenschaftlicher Hinsicht und das Anziehendste in Betracht des allgemeinen Interesses sein werden, was je die Presse verließ.

Die Nacht des 14ten zeigte den Mond in geringer Libration oder voll; aber da der etwas dunkle Zustand der Atmosphäre für einige Stunden einer genauen Untersuchung weniger günstig war, als einer allgemeinen Uebersicht seiner Oberfläche, so war man hauptsächlich mit der Letztern beschäftigt. Kurz nach Mitternacht indeß hob sich der letzte Nebelschleier, und da die Luft so klar wie an den vorhergehenden Abenden war, so ward die Aufmerksamkeit der Astronomen auf die merkwürdige Aussenseite des Gipfels, welcher in Blunt's Mondkarte Tycho No. 18 bezeichnet ist, gelenkt, und in dieser Region fügten sie Schätze zum menschlichen Wissen hinzu, welche Engel ihnen beneiden möchten. Vieles von nachfolgenden Auszügen wird für immer in den Annalen der Zeit denkwürdig dastehen.

Die Oberfläche des Mondes zeigt bei dessen mittlerer Libration, selbst durch Teleskope von sehr beschränkter Kraft betrachtet, drei Oceane von beträchtlicher Breite und weitem Umfange, welche von sieben großen Ansammlungen von Wasser, die man Meere nennen kann, unabhängig sind. Von geringeren Gewässern, welche durch die stärkern Instrumente sichtbar sind, und gewöhnlich See'n genannt werden, ist die Anzahl so groß, daß bis jetzt kein Versuch gemacht worden ist, sie zu zählen. Wirklich würde dies ungefähr dem Vorhaben gleichen, die ringförmigen Berge zu zählen, welche auf jedem Theil der Mondoberfläche gefunden werden, dieser mag aus Land oder Wasser bestehen. Der größte jener Oceane nimmt einen bedeutenden Theil der Hemisphäre zwischen dem nördlichen Theil der Achse und dem östlichen des Aequators ein, und breitet sich selbst viele Grade südlich vom Letzteren aus. Seine östliche Grenze nähert sich durchaus so scharf derjenigen der Mondscheibe, daß an vielen Stellen nur ein schmaler Streif erleuchteter Berge übrig bleibt, welche demzufolge hier stark von dem dunklen, schattigen Anblick der großen Tiefe abstechen. Indeß findet man Halbinseln, Vorgebirge, Caps, Inseln und tausend andere irdische Bildungen, wofür wir in der Armuth unserer geographischen Nomenclatur keinen Namen finden können, welche aus der »wellenförmigen Unbegrenztheit« dieses prächtigen Oceans herauftauchen oder in insularischer Unabhängigkeit glühen. Mit am bemerkenswerthesten ist darunter ein, wie ich glaube, in den Mondkarten noch mit keinem Namen versehenes Vorgebirge, welches aus einem innern begrenzten Theile hervorspringt, der von den alten Astronomen Copernicus benannt wurde, und welches, wie wir zufällig entdeckten, voll von großen Naturmerkwürdigkeiten ist. In der That ist dies Vorgebirge höchst seltsam. Sein nördliches Ende ist fast wie eine Kaiserkrone gestaltet, da es einen schwellenden Bogen bildet, welcher durch eine Hügelgruppe, die sich mit seinem Stirnbande oder seiner Basis verbindet, doppelt verbunden ist. Die beiden offnen Räume, welche durch diese Theilung entstehen, sind zwei See'n, jeder 80 Meilen weit, und am Fuße derselben, und von ihnen durch die erwähnte Hügelgruppe getrennt, ist ein anderer See, welcher größer als die beiden andern zusammen und fast völlig viereckig ist. Diesem See folgt, nach einer neuen hügeligen Theilung, ein See von unregelmäßiger Form, und diesem abermals zwei enge, der Länge nach getheilte See'n, welche nordwärts gegen das feste Land hin an Breite abnehmen. Dieses missgestaltete, skelettartige Vorgebirge von Bergrücken erstreckt sich 336 Meilen in den Ocean mit sechs beträchtlichen See'n, welche es in seinen steinigen Rippen einschließt. Blunt's herrliche Mondkarte giebt dies große Naturwerk mit wunderbarer Treue wieder, und ich glaube, Sie könnten meine Beschreibung wohl mit einer Abbildung davon zur großen Zufriedenheit Ihrer Leser versehen.

Dieser höchst bemerkenswerthen Formation in jenem Ocean zunächst ist ein höchst glänzender, ringförmiger Berg von ungeheurer Höhe und Umfang, welcher 330 Grade ostsüdöstlich steht, gewöhnlich als Aristarchus (No. 12) bekannt und in der Karte als ein großer Berg mit einer großen Aushöhlung in der Mitte zu finden ist. Diese Aushöhlung ist jetzt, wie wahrscheinlich auch in alten Zeiten, ein vulcanischer Krater, welcher mit unsern Bergen Aetna und Vesuv in den schrecklichsten Epochen ihres Ausbruchs rivalisirt. Günstig wie der Zustand der Atmosphäre der genauen Untersuchung war, konnten wir leicht seine Beleuchtung des Wassers über einen Umkreis von 60 Meilen bemerken. Hätten wir zuvor noch irgend einen Zweifel an der Macht von Mondvulcanen behalten, Bruchstücke ihrer Krater so weit über die Attraction des Mondes zu werfen, daß sie nothwendiger Weise mit unserer Erde gravitiren, und so die Menge massiver Aëroliten erklären, welche auf die Erdoberfläche gefallen und daselbst gefunden sind, so würde die Ansicht vom Aristarchus unsere Ungläubigkeit für immer beseitigt haben. Uebrigens ist dieser Berg, obgleich er 300 Meilen in den Ocean hineinsteht, nicht völlig inselartig, sondern er hängt mit dem flachen Lande vermittelst vier Bergketten zusammen, welche von ihm, wie von einem gemeinsamen Mittelpunkte, ausgehen.

Der nächste große Ocean ist an der Westseite der Mittagslinie belegen, durch den Aequator nahe in der Mitte getheilt, und erstreckt sich ungefähr 900 Meilen gegen Norden und Süden. Er ist im Cataloge mit C bezeichnet, und ward einbildungsreich MARE TRANQUILLITATIS genannt. Er besteht eher aus zwei großen Meeren, als daß er einen Ocean bildet, denn gerade unterm Aequator verengt er sich zu einer Straße, die nicht weiter als 100 Meilen ist. Man findet bloß drei große runde Inseln in diesem Ocean, welche gänzlich von dessen Ufern abgesondert sind; indeß existiren einige beträchtliche Vulcane an seiner nördlichen Grenze, wovon einer der bedeutendsten sich 120 Meilen von dem vorhin erwähnten MARE NECTARIS befindet. Unmittelbar an diesen zweiten großen Ocean grenzend, und von demselben nur durch eine Landzunge und einigen Inseln getrennt, befindet sich der dritte, mit D bezeichnete und als MARE SERENITATIS bekannte Ocean.

Er ist fast viereckig, da er ungefähr 380 Meilen in der Länge und Weite hält. Dieser Ocean hat eine höchst ungewöhnliche Eigenthümlichkeit, nämlich einen ganz geraden Rücken von Hügeln, welcher sicherlich nur fünf Meilen im Durchmesser hält, und in gerader Linie vom südlichen zum nördlichen Ufer läuft, wodurch er genau in die Hälfte getheilt wird. Dieser fremdartige Hügelrücken ist völlig sui generis, da er jeglicher Bergkette sowohl einer sublunarischen als selenitischen gänzlich unähnlich ist. Er ist so scharf, daß seine starke Concentrirung des Sonnenlichts ihn für kleine Teleskope sichtbar macht; sein Charakter ist aber so überraschend eigenthümlich, daß wir der Versuchung nicht widerstehen konnten, von unserm vorgesetzten Stehenbleiben bei einer allgemeinen Uebersicht abzugehen, und ihn speciell zu untersuchen. Unsere Linse G. x. brachte ihn in die optische Entfernung von 800 Yards und seinen ganzen Durchmesser von vier oder fünf Meilen bequem auf unsere Leinwand.

Nichts was wir seither gesehen hatten, hatte unser Erstaunen stärker erregt. Man glaube es oder nicht, dieser Rücken ist völlig Krystallisation! – Sein Obertheil in seiner ganzen Länge von 30 Meilen bildet einen spitzen Winkel von solidem Quarzkrystall, glänzend gleich einem Stück Gypsspath aus Derbyshire, welches eben aus der Mine kommt und kaum einen Bruch oder eine Lücke von einem Ende bis zum andern hat. Welch einen wunderbaren Einfluß muß unser dreizehnmal größerer Erdball auf diesen Satelliten ausgeübt haben, als er noch ein Embryo im Schooße der Zeit, der passive Gegenstand chemischer Verschmelzung war! Wir fanden, daß Verwunderung und Erstaunen, welche durch Gegenstände in jener fernen Welt erregt werden, nur Grade und Kennzeichen der Unwissenheit seien, welche erhabener Erwartung und ehrfurchtvollem Vertrauen in die unbegrenzte Macht des Schöpfers Platz machen sollten! –

Die dunkle Ausdehnung der Gewässer im Süden des ersten großen Oceans ist öfter als ein vierter Ocean betrachtet worden; wir fanden aber, daß es nur ein See ersten Ranges sei, welcher völlig von Land umgeben und weit stärker mit Vorgebirgen und Eilanden versehen ist, als aus der Mondkarte hervorgeht. Eins seiner Vorgebirge erstreckt sich von der Nähe des Pilatus (No. 19) in einer dünnen, schmalen Linie nach Bullialdus (No. 22), welcher nur ein kreisförmiges Haupt zu ihm, 264 Meilen von seinem Ausgangspunkte, bildet. Dies ist ein anderer gebirgigter Ring, ein Meervulcan, welcher fast ausgebrannt ist und auf seiner Kohlenasche ruht. Pilatus dagegen, welcher sich auf einem kühnen Cap am südlichen Ufer erhebt, frohlockt augenscheinlich über die Macht und Majestät seiner Feuer. Da die Atmosphäre vom Rauch frei war, so setzten wir unsere Vergrößerungsgläser ein, um einen großen glänzenden Hügelkreis zu untersuchen, welcher sich geschlossen an der Westseite jenes flammenden Berges dahin zieht. Diese Hügel waren entweder von schneeweißem Marmor oder halbdurchsichtigem Krystall; welches von Beiden, konnten wir nicht unterscheiden; und sie begrenzten einander mit jenen lieblichen grünen Thälern, welche, obschon in meiner Beschreibung einförmig, doch von paradiesischer Schönheit und Fruchtbarkeit und gleich dem ursprünglichen Eden in dem Segen seiner Bewohner sind. Dr. Herschel stellte hier abermals eine seiner scharfsinnigen Theorien auf. Er sagte, daß die Nähe des flammenden Berges Bullialdus während der periodischen Abwesenheit des Sonnenlichts eine so große örtliche Annehmlichkeit für die Bewohner dieses Thales sein müsse, daß es dadurch ein volkreicher Zufluchtsort für die Bewohner aller angrenzenden Regionen geworden sein dürfte, um so mehr, als sein Hügelbollwerk eine untrügliche Sicherheit gegen jeglichen vulcanischen Ausbruch darböte, welcher eintreten könnte. In Folge dessen wandten wir unsere ganze Kraft an, es zu erforschen, und wirklich ward uns reicher Lohn dafür. –

Der allererste Gegenstand in dem Thale, welcher sich auf unsrer Leinwand wies, war ein herrliches Kunstwerk! Es war ein Tempel – sei es nun ein Tempel für Andacht oder für Wissenschaft, falls er aber dem Schöpfer geheiligt ist, Andacht der erhabensten Art ausdrückend; denn er zeigt seine Attribute gänzlich frei von dem Maskeradenschmucke und der blasphemirenden Missbildung streitender Glaubensbekenntnisse, und trägt das Siegel und den Stempel von seiner eigenen Hand, um seine Bestrebungen zu heiligen. Es war ein gleichförmig dreieckiger Tempel, aus polirtem Saphir oder sonst einem ähnlichen, glänzenden, blauen Steine erbaut, der Myriaden goldener Lichtfunken zeigte, welche in den Sonnenstrahlen schimmerten und funkelten. – Unsere

Leinwand, obgleich 50 Fuß im Durchmesser haltend, war doch zu enge, um mehr als ein Sechstheil des Ganzen auf einmal aufzunehmen, und der erste Theil, welcher erschien, war ungefähr die Mitte einer seiner Seiten, in drei viereckigen Säulen bestehend, welche am Fuße 6 Fuß im Diameter hielten, und sich schlank zu einer Höhe von 70 Fuß erhoben. Die Säulenweite betrug je 12 Fuß. Wir rückten soglich unsere Vergrößerung so zusammen, daß sie den ganzen Bau in einer Ansicht gab, und wirklich war dieser nun sehr schön. Das Dach war aus einer Art gelben Metalls gebildet und in drei Abtheilungen getheilt, welche nicht aus dreieckigen Flächen, die sich nach dem Mittelpunkte neigten, bestanden, sondern wieder abgetheilt, gekrümmt und abgesondert waren, in der Art, daß sie eine Masse heftig bewegter Flammen darstellten, welche von einem gemeinschaftlichen Brandorte ausgehen, und sich in wildwogenden Punkten enden. Diese Darstellung war zu offen und zu künstlich ausgeführt, um auch nur einen einzigen Augenblick verkannt zu werden. Durch einige wenige Oeffnungen in diesen metallenen Flammen bemerkten wir eine große Kugel von einer dunkleren Gattung Metall, fast von einer trüben Kupferfarbe, welche sie einschlossen und scheinbar um sie herumragten, wie um sie hieroglyphisch zu verzehren. Auf jeder Ecke befand sich eine Kugel von augenscheinlich demselben Metall, wie die große Mittelkugel; und diese ruhten auf einer Art Gesims, welche ganz neu in jeder uns bekannten Ordnung der Architectur, trotz dessen aber ungemein zierlich und ausdrucksvoll ist. Es glich einer halbgeöffneten Rolle, welche kühn vom Dache aufschwillt und weit über die Mauern in verschiedenen Voluten hängt. Es war von demselben Metall wie die Flammen, und an jeder Seite des Gebäudes an beiden Enden offen. Die sechs Säulen an jeder Seite waren einfache, ebene Pfeiler, ohne Capitäle oder Fußgestelle, oder irgend eine Art Verzierung; eben so war von Letzterer auch in keinem andern Theile des Prachtgebäudes etwas zu sehen. Es war nach jeder Richtung offen, und schien weder Sitze, Altäre, noch Opfergaben zu enthalten; aber es war ein leichter und luftiger Bau, an 100 Fuß hoch von seiner weißen glänzenden Flur bis zu seinem glühenden Dache, und erhob sich auf einer runden grünen Höhe auf der Ostseite des Thales. Uebrigens entdeckten wir nachdem zwei andere solche Gebäude, welche in jeder Hinsicht getreue Nachbildungen dieses einen waren; in keinem jedoch bemerkten wir irgend einen Besucher, ausgenommen Schaaren wilder Tauben, welche sich auf den glänzenden Giebeln niederließen. Waren die Widmer dieser Tempel den Weg allen Fleisches gegangen, oder waren letztere nur historische Denkmäler? Was meinten die erfindungsreichen Erbauer unter dem Globus von Flammen umgeben? Gedachten sie dabei irgend eines früheren Mißgeschicks ihrer Welt, oder sagten sie damit irgend eine zukünftige für die unsrige voraus? Ich zweifle durchaus nicht, zuletzt nicht allein diese, sondern noch tausend andere Fragen beantwortet zu sehen, welche sich über jenen Planeten aufdrängen, denn bis jetzt ist noch nicht ein Milliontheil desselben erforscht, und wir sind begieriger gewesen, eine möglichst große Anzahl neuer Thatsachen zu sammeln, als in speculative Theorien einzugehen, welche so verführerisch für die Einbildungskraft sind.

Caccia

Portantina — Toletta

Chiusa

T.ª VI

COSTUMI LUNARI

—NACHSCHRIFT—

Von der New Yorker Zeitung »The Sun«, der wir Vorstehendes entlehnt haben, besitzen wir nur fünf Blätter, deren letztes mit der Bemerkung schließt: »Fortsetzung folgt«. – Es muß daher auch für diese Uebersetzung eine so vague Erklärung abgegeben werden.

Da wo in dem Text von Meilen die Rede ist, sind immer englische gemeint.

In einigen Exemplaren dieser Schrift steht auf S. 22 Lichtfahne statt Lichtfase. Andere kleinere Unrichtigkeiten wolle der geneigte Leser selbst verbessern und – gütigst entschuldigen.

SECHSTER TAG: MONTAG, 31. AUGUST 1835

Jedoch brauchten wir nach den Bewohnern dieses »Tals der Triaden« nicht lange zu suchen. Unmittelbar am Rand des Waldes, welcher im Abstand von etwa einer halben Meile die Anhöhe mit dem ersten jener Tempel umschloss, erblickten wir mehrere Ansammlungen von Wesen, die wir sogleich als derselben Spezies zugehörig identifizierten wie unsere geflügelten Freunde im Rubinen-Colosseum am Ufer des LANGRENUS. Kaum hatten wir unser Instrument zwecks genauerer Betrachtung nachjustiert, erwies sich, dass in diesen Gruppen nahezu alle Individuen von größerer Statur waren als die zuvor gesichteten Exemplare, auch waren sie von hellerer Farbe und überhaupt in jeder Hinsicht eine bessere Varietät ihrer Rasse. Sie befassten sich hauptsächlich damit, von einer großen, dem Flaschenkürbis ähnlichen gelben Frucht zu essen, von der sie mit den Fingern Stücke abtrennten, um diese mit roher Gier zu verschlingen und sodann die Schalen fortzuwerfen. Etwas kleinere, gurkenförmige rote Früchte, die wir des Öfteren von dunklen, breitblättrigen Bäumen hatten hängen sehen, lagen ebenfalls inmitten der geselligen Kreise auf dem Boden aufgehäuft; aus diesen schlürften sie aber offenkundig nur den Saft, indem sie das Obst zuvor zwischen den Handflächen rieben und eines der Enden abnagten. Sie wirkten höchst zufrieden und schienen sogar höflich zueinander zu sein, denn wir beobachteten ein ums andere Mal, wie ein Wesen, das den Früchten am nächsten saß, aus dem Haufen die prallsten und glänzendsten Exemplare wählte und sie in hohem Bogen einem Freund oder Kameraden zuwarf, der daraufhin aus den ringsum verstreuten Früchten – oft waren es nicht eben wenige – das nahrhafte Innere zu sich nahm. Wenn sie so bei ihrem einfachen Mahl oder zur geselligen Unterredung beieinander saßen, ließen sie stets die Knie flach auf dem Boden ruhen und legten, ein Dreieck bildend, die Füße aneinander. Überhaupt schienen sie diese Form aus unerfindlichen Gründen besonders zu favorisieren; denn es zeigte sich, dass eine jede Gruppe sich zu einem Dreieck formierte, ehe ihre Mitglieder auseinandergingen, und Letzteres geschah meist auf das Signal eines Einzelnen hin, der sich in ihre Mitte stellte und die Hände über seinem Kopf in einem spitzen Winkel aneinander hielt. Auf dieses Zeichen hin reckten alle die Arme vor, um, mit den Fingerspitzen sich berührend, in der Horizontalen den Winkel nachzubilden. Und dies war nicht der einzige Beweis, dass Ordnung und Unterordnung feste Bestandteile ihres Wesens waren.• Wir hatten nicht die Gelegenheit, sie bei der Ausübung eines Handwerks oder einer Kunst beobachten zu können; und soweit es sich beurteilen ließ, brachten sie ihre unbeschwerten Stunden damit zu, im Wald Früchte zu sammeln, zu speisen, zu baden und auf den Kämmen der Felshänge umherzuspazieren.•• Und mochten sie in jenem fruchtbaren Tal auch zweifelsfrei die höchste Ordnung der Tiere darstellen – seine einzigen Bewohner waren sie nicht. Einen Großteil der Spezies, die wir andernorts, auch weit entfernt, gesichtet hatten, fand sich hier versammelt, und dazu nicht

Die den Planeten umspannenden Gürtel konnte er als den Rauch etlicher aktiver Vulkane identifizieren, den die außerordentlich schnelle Rotation auf jene geraden Bahnen zwingt. ●

[Und auch für den Gürtel des Jupiter gelang ihm derselbe Nachweis. – Doch die diesem Thema gewidmete Passage sowie die Abschnitte zu den anderen Planeten und schließlich die Ausführungen zu den Entdeckungen des Astronomen am Sternenhimmel sind für das breite Publikum verhältnismäßig weniger interessant, so sehr sie auch einzelne wissenschaftlich und mathematisch geschulte Leser faszinieren mögen. – Anm. d. Red.] ●●

weniger als acht oder neun Arten unbekannter Vierfüßler. Die reizendste von ihnen war ein hochgewachsener weißer Hirsch mit einem stattlich gespreizten Geweih in der Farbe von Ebenholz. Mehr als einmal sahen wir diese vortreffliche Kreatur zu einer sitzenden Gruppe der halb menschlichen Wesen traben, und dicht neben ihnen äsen, ohne das geringste Anzeichen von Angst und ohne dass die anderen sie zu beachten schienen. Die allseitige Freundschaft zwischen sämtlichen Klassen der Mondbewohner und das offenkundige Fehlen jeder reißenden oder wilden Bestie erfüllte uns mit reinster Freude und nahm uns für den lieben nächtlichen Gefährten unserer größeren, und doch weniger begünstigten Welt nur umso stärker ein. Wann immer ich fortan »schau' ins Azur und rühm' den milden Schimmer«, werden mir jene Schönheit, Erhabenheit und Seligkeit vor Augen stehen, die ich dort erblickte, nicht »durch einen Spiegel in einem dunklen Bild, sondern von Angesicht zu Angesicht«. Und nie werde ich an jene Verse unseres dreifach geadelten Dichters denken können:

»Dianens Silberzier, die dort das Blau durchmisst
Im Himmelsmeer den Sel'gen eine Insel ist,
ohne dass mein Wissen um ihre Wahrhaftigkeit mich
frohlocken ließe.«

Mit der sorgfältigen Untersuchung dieses bemerkenswerten Tals sowie der wissenschaftlichen Klassifikation seiner tierischen, pflanzlichen und mineralischen Hervorbringungen beendeten die Astronomen die Mühen jener Nacht – es waren geistige, nicht körperliche Mühen, doch durch die extreme Erregung, die sie naturgemäß hervorriefen, waren sie nicht minder drückend als jene.

Tags darauf ereignete sich ein unerhörter Vorfall, der das Teleskop für nahezu eine Woche unbenutzbar machte, woraufhin der Mond nach dieser Frist bis zum Ende des Monats nicht weiter observiert werden konnte. Die große Linse, die üblicherweise tagsüber abgesenkt und in die Horizontale gedreht wurde, war wie gewöhnlich heruntergefahren, jedoch aus Unachtsamkeit in der Senkrechten belassen worden. So kam es, dass kurz nach Sonnenaufgang Dr. Herschel und seine Assistenten, Dr. Grant und die Herren Drummond und Holmes, die in einem eigens errichteten Bungalow unweit des Observatoriums nächtigten, von den Schreien einiger holländischer Bauern und domestizierter Hottentotten (die mit ihren Ochsen auf dem Weg zur Feldarbeit waren) geweckt wurden, das »große Haus« stehe in Flammen! Dr. Herschel schreckte aus seinem kurzen Schlummer, sprang aus dem Bett und fand wahrhaftig sein Observatorium in dichten Rauch gehüllt. Hätte man nicht die Wände von innen und außen dick mit Kalk verputzt, so wäre es unweigerlich mitsamt seinem unschätzbaren Inhalt der Zerstörung anheimgefallen. So aber klaffte lediglich ein Brandloch von etwa fünfzehn Fuß Durchmesser in der Reflektionskammer, die sich an der Seite der Sternwarte nahe der Linse befand, und die uns, mit Leinwand ausgekleidet, so zahlreiche Wunder offenbart hatte, welche auf immer in der Geschichte der Menschheit fortleben werden. So gewaltig war die Kraft der durch die riesige Linse gebündelten Sonnenstrahlen, dass ein Wäldchen, das in ihrer Bahn lag, in Flammen aufging, und der Wandverputz rings um die Öffnung des Observatoriums war zu blauem Glas gesintert worden. Da man die Linse sogleich drehte und ein nur wenige hundert Yards entfernter Bach genügend Wasser führte, wurde der Brand bald gelöscht, doch der bereits angerichtete Schaden war nicht unerheblich. Glücklicherweise hatte man die Linsen des Mikroskops zum Reinigen entnommen, doch etliche der Metallreflektoren waren so zerschmolzen, dass ihre Verwendung nicht mehr in Frage kam. Maurer und Zimmerleute wurden mit jedem verfügbaren Fuhrwerk aus Kapstadt herbeigeholt, und binnen einer Woche war die gesamte Apparatur wieder einsatzbereit.

Da der Mond nun nicht mehr sichtbar war, richtete Dr. Herschel seinen Forscherdrang auf die Planeten des Sonnensystems, zuallererst auf den Saturn. Es dürfte allgemein bekannt sein, dass dieser bemerkenswerte Himmelskörper seit alters her die brennende Neugier von Astronomen auf sich zieht. Die Entstehung seiner Ringe, ein stupendes Phänomen, dem Sternenkundler seit Generationen mit Versuchen wie mit Mutmaßungen beizukommen trachten, wurde endlich als unergründlich aufgegeben. Als gesichert darf gelten, dass dieser Planet in einer Entfernung von 900 Millionen Meilen um die Sonne kreist und dass er mit einem Durchmesser von 79.000 Meilen die Größe der Erde um mehr als das 900-Fache übertrifft. Seine Umlaufbahn um die Sonne durchmisst er in annähernd 29 und einem halben Erdenjahr und rotiert in 10 Stunden und 16 Minuten einmal um seine Achse, mithin in deutlich weniger als einem halben Erdentag. Ganze sieben Monde begleiten den Saturn, von denen der sechste und siebente im Jahr 1759 vom älteren Herschel entdeckt worden ist. Geheimnisvolle gelbliche Gürtel oder Bänder umspannen den Planeten, und zwei Ringe umgeben ihn, wobei der Durchmesser des äußeren dieser beiden 204.000 Meilen beträgt. Der äußere Rand des inneren Rings hat einen Durchmesser von 184.000 Meilen, und da der äußere 7.200 Meilen breit ist, beträgt der Abstand zwischen beiden 28.000 Meilen. Der innere Ring ist mit 20.000 Meilen wesentlich breiter als der andere und hat einen Abstand von gut 30.000 Meilen vom Körper des Planeten. Die Ringe sind opak, dabei jedoch so schmal, dass sich ihre genauen Umrisslinien bis dato nicht ermitteln ließen. Die bedeutendste Entdeckung des Sir John Herschel, den Saturn betreffend, ist der Nachweis, dass beide Ringe aus den Fragmenten zweier zerstörter Welten stammen, die zuvor zu unserem Sonnensystem gehörten und die sich nach der jeweiligen Explosion, von der Schwerkraft des Saturn angezogen, um seine gewaltige Masse versammelten, ohne doch auf ihn niederzustürzen, weil die gewaltige Zentrifugalkraft, welche dessen ungewöhnlich schnelle Achsenrotation hervorbringt, sie daran hinderte. Der innere Ring besteht demnach aus der ersten jener zerstörten Welten (ihre vormalige Position im Sonnensystem wird in der beigefügten Abhandlung angegeben), deren Fragmente von den Rotationskräften erfasst und so verteilt wurden, wie wir sie heute kennen. Der äußere Ring besteht aus einem zweiten zerborstenen Himmelskörper, dessen Bruchstücke wie schon im vorigen Fall von der Schwerkraft angezogen, von der Zentrifugalkraft des inneren Rings jedoch gehindert wurden, sich mit ebendiesem zu vereinen. Da der letztere langsamer rotiert als der Planet, ist seine Zentrifugalkraft geringer, und entsprechend ist auch der Abstand zwischen beiden Ringen zehnmal kleiner als der Abstand zwischen dem inneren Ring und der Oberfläche des Saturn. Indem er die eigens ermittelte durchschnittliche Dichte der Ringe mit derjenigen des Planeten ins Verhältnis setzte, gelang Sir John Herschel die folgende staunenswerte Beweisführung. [Die hier ausgelassen wird, da sie für das allgemeine Verständnis zu mathematisch ist. – Anm. d. Red.]

Wie Dr. Herschel klar nachweisen konnte, lassen sich auf den Ringen etliche Felsschichten unterscheiden, die skelettierten

Reste einstmaliger Globen, die in wilder, grausiger Konfusion übereinander liegen und doch auch nicht ohne Seen und Berge sind.

Erst zum Neumond im Monat März erwies sich das Wetter als günstig, um eine weitere Beobachtungsserie zu beginnen; und in den wenigen klaren Nächten dazwischen war Dr. Herschel zu sehr davon eingenommen, mit Begeisterung seine brillanten Entdeckungen am südlichen Sternenhimmel darzulegen und von seinen neuen Sternen Tabellen und Cataloge zu erstellen, um sich diese zunutze zu machen.

In einer dieser Nächste jedoch machten Herr Drummond, ich selbst und Herr Holmes folgende Entdeckungen unweit der Regenbogenbai, die ich bereits einmal flüchtig erwähnte. Diese so einbildungsreich benannte Bucht liegt am nördlichen Ufer jenes ersten großen Ozeans, den ich zuvor beschrieben habe, und trägt auf der Karte den Buchstaben O. Das Gelände, das wir bei dieser Gelegenheit erkundeten, ist im Katalog durch die Nummern 6, 5, 8 und 7 umrissen, und die durch diese Ziffern bezeichneten größeren Berge heißen respektive Atlas, Hercules, HERACLIDES VERUS und HERACLIDES FALSUS. Eine etwas nördlich davon gelegene ringförmige Insel namens Pythagoras trägt im Katalog die Nummer 1; und noch weiter der Meridianlinie zu finden sich, mit einem R bezeichnet, eine gebirgige Region, die man das »Land der Dürre« nennt, sowie unter Q das »Land des Raureifs«; und tatsächlich erwies sich letzterer Name, so willkürlich er gewählt sein mochte, als nicht gänzlich unzutreffend, denn die Gipfel der dort hoch aufragenden Berge waren offensichtlich schneebedeckt, wenngleich die umliegenden Täler von hochsommerlich üppiger Fruchtbarkeit schier überquollen. Doch zunächst befassten wir uns eingehend mit der

Umgegend von HERACLIDES FALSUS (No. 7), wo wir auf mehrere bisher unbekannte Tiere stießen, die allesamt gehörnt und von weißer bis grauer Farbe waren, und zudem auf die Überreste dreier uralter dreiseitiger Tempel, deren Verfall bereits weit fortgeschritten war. Von dort querten wir das Gelände in südöstlicher Richtung bis zum Atlas (No. 6), und in einem der prachtvollen Täler zu seinen Füßen sollten wir schließlich jener weit überlegenen Spezies des VESPERTILIO-HOMO ansichtig werden. Der Statur nach überragten diese nicht die zuletzt beschriebenen Exemplare, waren jedoch von ungleich größerer persönlicher Schönheit und erschienen uns kaum weniger liebreizend als die Engelsdarstellungen besonders phantasiebegabter Malerschulen. Ihr Gemeinwesen schien ähnlichen Gesetzen und Ritualen unterworfen, wie sie auch im Tal der Triaden herrschten, doch waren ihre Kunstwerke zahlreicher und zeugten von einem handwerklichen Geschick, das jedem anderen als dem direkten Beobachter unglaubwürdig erscheinen müsste. Ich überlasse es daher Dr. Herschels wohlfundierter Naturkunde jenes Himmelskörpers, den ersten detaillierten Bericht davon zu geben.«

[Damit ist das Supplementheft vollständig, mit Ausnahme der illustrativen und mathematischen Anhänge im Umfang von ca. vierzig Seiten, die jedoch Länge und Kosten dieses Abdrucks erheblich steigern würden, ohne zugleich wesentlich zu seinem generellen Nutzen beizutragen. – Anm. D. Red.]

—AUSZUG AUS EINEM BRIEFE AN HERRN FRANCIS BAILY, VON SIR JOHN HERSCHEL AUF DEM CAP DER GUTEN HOFFNUNG—

– – – Die Neuheit und Verschiedenheit der entdeckten Gegenstände bewogen mich, den Anfang regelmäßiger Beobachtungen so lange zu verschieben, bis irgend einer der hauptsächlichsten von ihnen untersucht worden wäre, z. B. der wunderbare Nebelfleck beim Eta des Argus, die Magelhaenschen Wolken, der große Haufe neben der NUBICULA MINOR, das ausgezeichnete Omega des Centaurs u. s. w., und bis ich durch längere Gewohnheit mich erst mit den täuschenden Erscheinungen, die dort so leicht durch den Einfluß der Witterung, der Südostwinde u. s. w. veranlaßt werden, vertraut gemacht haben würde.

Am 5. März begannen meine regelmäßigen Beobachtungen, und sind von da an ununterbrochen fortgesetzt worden. Ungefähr wurden in jedem Monat zehn Beobachtungen gemacht, wodurch ich bereits eine ausgezeichnet schöne Sammlung von Nebelflecken und Doppelsternen erhalten habe, obgleich, was nahe bei einanderstehende Doppelsterne über die zehnte Größe hinaus betrifft, diese Hemisphäre entschieden weniger reichhaltig ist, als die nördliche.

Am 1. April entdeckte ich, ger. Aufst. 9 Uhr 17 Min. nördl. Br. 147° 35' einen wunderschönen planetarischen Nebelfleck, dessen Scheibe vollkommen scharf begrenzt war, und etwa drei oder vier Secunden im Durchmesser hielt. Sein Licht war durchweg ganz gleichförmig, und er sieht vollkommen einem kleinen Planeten ähnlich, mit einem, von seinem äussersten Rande ein und einen halben Durchmesser weit entfernten Trabanten. Während mehrerer Beobachtungen hat Herr Maclear die Güte gehabt, die Stelle desselben genau zu bestimmen, und eben daraus hat sich ergeben, daß er keine planetarische Bewegung hat.

Am 3. April entdeckte ich einen andern schönen planetarischen Nebelfleck, mit vollkommen scharfer Scheibe, die, ohne die geringste Trübheit, ganz klar ist und ungefähr sechs Secunden im Durchmesser hält, und durch sein ausgezeichnet blaues Licht ganz besonders merkwürdig erscheint. Er ist seitdem auch auf mein Ansuchen auf dem königlichen Observatorium beobachtet worden.

Am 26. Juni beobachtete ich wiederum einen ausgezeichnet merkwürdigen Gegenstand, nämlich einen sehr engen, rings herum in einem wolkigten Nebel eingehüllten Doppelstern. Seine Stellung ist ger. Aufst. 13 Uhr 47 Min. 30 Sec. ±; nördl.

Br. 129° 9' ±. Der Durchmesser des Nebelfleckes ist ungefähr zwei Minuten, und die Sterne sind beide einander gleich und gehören zur neunten bis zehnten Größe; ihre Entfernung beträgt etwa 1½ bis 2 Secunden. Der Nebelfleck ist ziemlich gleichmäßig, bloß wo er an den Stern angrenzt, etwas schwächer.

Am 28. Juni entdeckte ich einen ringförmigen Nebelfleck; gerade Aufsteigung 17 Uhr 10 Minuten 36 Secunden, nördl. Breite 128° 18'. (Alle obigen Stellungen gelten für den Januarmonat 1830.) Er ist vollkommen rund und genau begrenzt, sein Durchmesser 15 Secunden, sehr schwach, wie der im Schwane, und liegt mitten in einem unzählbaren Sternhaufen.

Am 2. Juli war ich so glücklich, einen andern höchst zarten und schönen planetarischen Nebelfleck zu entdecken. Gerade Aufsteigung 15 Uhr 5 Min. 15 Sec., nördl. Breite 135° 1' (für Jan. 1830), Durchmesser desselben 1 Sec. 35 Tert. in Zeit; Lichtstärke einem Stern achter bis neunter Größe gleich. Mein Assistent, Herr T. Stone, dem ich ihn zeigte, sagte, er ähnele dem Monde hinsichtlich seiner Ründung und Klarheit, obgleich er kleiner erscheine. Von den kleineren und nahe bei einanderstehenden Doppelsternen, die ich entweder mit dem zwanzigfüßigen Teleskop oder dem siebenfüßigen Aequatorialteleskop (welche ich jetzt zu meiner Zufriedenheit auf einem beweglichen Gerüste von eigenthümlicher und dabei höchst einfacher Construction, das sich vollkommen brauchbar bewährt, habe aufstellen lassen), dessen ich mich in mondhellen Nächten zur Messung von Doppelsternen und zum Behufe einer Durchmusterung aller Sterne des Brisbaneschen Cataloges, von welchem mir Herr Richardson gütigst eine geschriebene Copie mitgetheilt hat, bediene, – erwähne ich hauptsächlich der folgenden.

	U. M.	Gr. Ml.	Classe.	Größe.
Xi im Apparatus	0.25	125.55	II.	6.7–8
Zeta im Phönix	1.2	145.9	II.	5.9
Chi im Eridanus	1.49	142.27	III.	4–5.14 ●)
Theta im Netze	4.16	153.41	II.	5...
Tau im Argus	10.15	145.11	II.	5.10
Beta in der Wasserschlange	11.44	122.57	I.	5.5–6
Gamma im Wolf	15.24	130.34	I.	3.3 ●●)
»in der südl. Krone« ●●●)	18.55	127.18	I.	6.6
Ohne Bezeichnung	20.37	153.2	I.	6.6
22 den südl. Fischen	22.43	123.46	I.	5.8

● Aeusserst kleines und zartes Sternchen.

●● Stehen ausserordentlich nahe an einander.

●●● Ich glaube, dieser Doppelstern ist schon früher beobachtet worden.

Auch gehört noch das Lambda des Octanten hieher u. s. w.

Mit vielen Schwierigkeiten, und nachdem ich beinahe verzweifelt war, irgend genugthuende Resultate zu erhalten, gelang es mir endlich die Winkel in Betreff des Gamma der Jungfrau ziemlich zuverläßig zu bestimmen, indem die Sterne, die im Mai, Juni oder Juli sich nur schlecht am Himmel unterscheiden ließen, jetzt schärfer und deutlich hervortreten. Die Beobachtungen stimmen übrigens, unter vernünftigen Beschränkungen, mit den berechneten Winkeln überein.

Das Alpha im Kreuze befindet sich, wenn Dunlop's Messungen richtig sind, in sehr schneller Rotation, und hat seit 1826 einen Bogen von 7° beschrieben.

Meine Reflektoren laufen ausserordentlich schnell an. Ihre Klarheit leidet schon durch sechs bis acht nächtliche Beobachtungen, und innerhalb dreier Monate sind sie so blind, daß sie nicht gebraucht werden können. Glücklicherweise habe ich die Vorsicht gehabt, einen vollständigen Polirapparat mit herüber zu bringen, und bin vollkommen mit dessen Wirkung zufrieden, worin Sie mir Recht geben werden, wenn ich bemerke, daß 480-, 800- und 1.200-malige Vergroßerung bei einer Weite von zwölf Zollen vollkommen runde, scharf begrenzte Zirkelflächen geben. Einmal sogar hatte ich 2.000-malige Vergrößerung (die, meiner Meinung nach, nicht wohl anders gemessen werden kann, als durch die Focalweite der Linse) angewendet, ohne daß dadurch die Beobachtung weniger von Nutzen gewesen wäre. Mittelst 1.200-maliger Vergrößerung und einer verkleinerten dreieckigen Oeffnung erschien in der herrlichen Nacht vom 6ten d. M. das Alpha im Eridanus so schön und in so reinem Ebenmaße, wie ich noch keinen astronomischen Gegenstand gesehen. Mein

Beobachtungsjournal sagt darüber: »Die Scheibe ist ein vollkommener Zirkel, und die sechs Strahlen – welche der gleichseitige Triangel immer bei großen Sternen hervorbringt – waren noch, als schon der Stern selbst vom Gesichtsfelde verschwunden war, eine Zeitlang als äusserst schöne, gerade, blendend weiße Lichtbüschel auf demselben sichtbar.«

—EDGAR ALLAN POE—

RICHARD ADAMS LOCKE

Vor 14 Jahren, wie ich meine, wurde »The New York Sun«, eine Tageszeitung zum Preis von einem Penny, in der Stadt New-York von Mr. Moses Y. Beach gegründet, der Mr. *Richard Adams Locke* als Reporter anstellte. In einer gut geschriebenen Beilage wurde es zur Aufgabe dieser Zeitung erklärt, »der Öffentlichkeit die neuesten Nachrichten zu präsentieren, zu einem so günstigen Preis, dass sie für jedermann erschwinglich ist.« Die Konsequenzen dieses Vorhabens sind in ihren Auswirkungen auf das gesamte Zeitungsgeschäft, und dadurch auch auf die Interessen unseres Landes im Allgemeinen, vermutlich überhaupt nicht abzusehen.

Bereits vor der Gründung der *Sun* hatte es einen erfolglosen Versuch gegeben, eine Groschenzeitung in New York zu lancieren; die »Sun« selbst wurde ursprünglich von Mess. Day and Wisner geplant und eine kurze Zeit lang auch herausgegeben. Die eigentliche *Unternehmensgründung* hingegen geht auf Mr. Beach zurück, der sie den verzagten Urhebern abgekauft hatte. Der erste eindeutige Erfolg der Zeitung ist allerdings Mr. Locke zuzuschreiben;

und damit möchte ich keinesfalls Mr. Beach in irgendeiner Weise herabsetzen – denn die Anstellung von Mr. L. ist eines der ersten Beispiele für jenen ihm eigenen Scharfsinn, für den ich durchaus geneigt bin, ihm Anerkennung zu zollen.

In jedem Falle beschrieb die »Sun« einen sehr kleinen Orbit, als eines Tages in ihren Rubriken eine Ankündigung erschien, die äußerst bemerkenswerte astronomische Entdeckungen versprach, die von Sir John Herschell am Kap der guten Hoffnung gemacht worden waren. Entsprechende Meldungen wollte die »Sun« einer der ersten Ausgaben des »Edinburgh Journal of Science« entnommen haben, in dem ein Bericht von Sir John selbst erschienen war. Diese Ankündigung fand großen Anklang – zu jener Zeit waren Zeitungsenten weitgehend unbekannt –, woraufhin genaue Details der vermeintlichen Entdeckungen folgten, die sich vornehmlich um den Mond drehten, und mittels eines Teleskops gemacht worden waren, das das kürzlich vom Earl of Rosse gebaute Teleskop wie ein Spielzeug erscheinen ließ. Als sich diese Entdeckungen in der Öffentlichkeit verbreiteten, wuchs das Staunen in der Bevölkerung ins Unermessliche; doch diejenigen, die den Wahrheitsgehalt der »Sun« in Frage stellten – und die Echtheit des Berichts im »Edinburgh Journal of Science« –, waren deutlich in der Minderzahl: Und ich bin gezwungen, diese Tatsache als das viel größere Wunder zu betrachten, als irgendeinen Fledermausmenschen.

Etwa sechs Monate vor diesem Vorfall hatte der Verlag Harpers eine amerikanische Ausgabe von Sir John Herschell *Treatise on Astronomy* herausgebracht; ich war sehr darauf gespannt, was darin über die Wahrscheinlichkeit künftiger Mondexpeditionen zu finden sei. Dieses Thema erregte meine Fantasie, und ich sehnte mich danach, ihr in meinen Tagträumen zur Szenerie auf dem Mond freien Lauf zu lassen. Kurz gesagt wollte ich diese Träume in Form einer Geschichte zu Papier bringen. Das Problem dabei lag auf der Hand: wie war die genaue Kenntnis des Erdtrabanten durch den Erzähler zu erklären? Und die Lösung dieses Problems lag ebenso auf der Hand, nämlich die Annahme eines außergewöhnlichen Teleskops. Ich erkannte, dass so eine Erzählung vollkommen davon abhing, ob der Leser solche Fakten für glaubwürdig hielte. In dieser Phase meiner Überlegungen sprach ich mit ein oder zwei Freunden über meinen Entwurf – unter anderem mit Mr. John P. Kennedy, dem Verfasser von *Swallow Barn* – und das Ergebnis dieser Gespräche war, dass die Schwierigkeiten mit der Optik beim Bau eines solchen Teleskops, wie für meine Zwecke erforderlich, so unverrückbar und allgemein bekannt waren, dass der Versuch, meiner Erzählung auf Basis eines solchen Teleskops Plausibilität zu verleihen, vollkommen vergebens wäre. Deshalb gab ich widerwillig – denn ich hielt die Öffentlichkeit für weitaus leichtgläubiger als meine Freunde – den Gedanken auf, meinem Schreiben große *vraisemblance* verleihen zu wollen – so groß, dass ich tatsächlich hätte lügen müssen –

und mich auf einen halb plausiblen, halb neckenden Ton hätte verlegen müssen, und so entschloss ich mich, dem Bericht einer Reise von der Erde zum Mond möglichst viel Gewicht zu geben, und die Mondlandschaft so zu beschreiben, als hätte der Erzähler sie tatsächlich selbst begutachtet und erkundet. Vor diesem Hintergrund schrieb ich eine Geschichte mit dem Titel *Hans Phaall* und veröffentlichte sie in »The Southern Literary Messenger«, deren Herausgeber ich zu jener Zeit war. Drei Wochen nach Erscheinen dieser Geschichte wurde der erste der Artikel zum Mondschwindel in der *Sun* veröffentlicht; sobald ich die Zeitung gesehen hatte, war ich mir über den Scherz im Klaren, wobei ich keinen Moment lang daran zweifelte, dass er von meinem eigenen Gedankenspiel angeregt war. Ein paar der New Yorker Zeitschriften – darunter auch »The Transcript« – sahen die Angelegenheit ähnlich, und druckten die beiden Artikel zusammen mit *Hans Phaall* ab, in der Meinung, im Autor des einen den Autor des anderen wiederzuerkennen. Obgleich sie sich in Einzelheiten unterscheiden, behaupte ich dennoch, dass die charakteristischen Merkmale der beiden Schriftstücke nahezu identisch sind. Bei beiden handelt es sich um *Zeitungsenten*, wenngleich nicht im selben *Ton*; beide Scherze behandeln dasselbe Thema – Astronomie –, beide auch denselben Aspekt dieses Themas, den Mond; beide berufen sich auf nur ihnen zugängliche Berichte aus einem fremden Land; und beide streben nach Glaubwürdigkeit durch die exakte Beschreibung wissenschaftlicher Details. Darüber hinaus ist vor diesen beiden Scherzen noch nie etwas ähnlich Geartetes versucht worden – und der eine Bericht folgte dem anderen direkt auf dem Fuße.

Wenngleich ich den Fall nun in dieser Form dargelegt habe, möchte ich Mr. Locke Gerechtigkeit widerfahren lassen, indem ich erwähne, dass er verneint, meinen Artikel vor seiner eigenen Publikation gelesen zu haben – und bin fürderhin auch geneigt hinzuzufügen, dass ich ihm glaube.

Direkt im Anschluss an die Fertigstellung der Mond-Geschichte (deren Beendigung drei oder vier Tage in Anspruch nahm), schrieb ich eine Abhandlung über ihren Anspruch auf Glaubwürdigkeit, und verwies deutlich auf ihren fiktiven Charakter; stellte jedoch mit Staunen fest, dass ich nur wenig gehört wurde: – allzu gern wollte man sich täuschen lassen: – so magisch waren offenbar die Reize eines Stils, der lediglich der Vermittlung einer äußerst unbeholfenen Erfindung diente. Selbst jetzt noch bietet es einige Unterhaltung, die Einzelheiten der Zeitungsente benannt zu sehen, die zweifelsohne für ihre Entlarvung hätten sorgen müssen. Wie groß der dieser Erzählung innewohnende Einfallsreichtum auch sein mag, bei genauer Betrachtung hätten die ihr gegenüber gestellten Tatsachen überzeugen müssen. Dass sich die Öffentlichkeit hat täuschen lassen, wenn auch nur für kurze Zeit, führt nichts weiter vor Augen, als die gravierende Unwissenheit, die vor 13 oder 14 Jahren im Hinblick auf astronomische Belange noch herrschte.

Der Abstand des Mondes zur Erde beträgt etwa 240.000 Meilen. Wenn wir herausfinden wollen, wie nah eine Linse den Satelliten heranholen kann, müssen wir nur die Distanz durch die vergrößernde oder genauer gesagt, die raumdurchdringende Kraft der Linse dividieren. Mr. Locke gibt seiner Linse eine Kraft von 42.000facher Vergrößerung. Man teile 240.000 – die tatsächliche Entfernung des Mondes – durch diese Zahl; als Entfernung ergeben sich 5 Meilen 5/7. Kein Tier, welcher Art auch immer, kann aus dieser Entfernung erkannt werden – und noch viel weniger die minuziösen Details, die im Artikel beschrieben werden – wie die Blumen der *papaver Rheas*. Der Fehler bei der Beschreibung solcher Objekte wird noch offenkundiger durch die Feststellung des Autors, mit seiner Linse könne man keine Dinge erkennen, die kleiner sind als 18 Inches im Durchmesser; – aber selbst das würde dem Teleskop noch viel zu große Kraft verleihen.

Auf S. 64 der Einzelausgabe ist die Rede von einer »großen fleischigen Wulst« über den Augen von einer Art Bisonochsen, und Mr. L. sagt: »Der Scharfsinn Dr. Herschel's entdeckte sogleich, daß dies eine weise Vorrichtung des Schöpfers sei, um die Augen des Thieres gegen die zu großen Extreme des Lichts und der Finsterniß, welcher alle Bewohner der uns gegenüberstehenden Seite des Mondes periodisch unterworfen sind, zu schützen.« Dies sollte allerdings nicht als besonders scharfsinnige Beobachtung des Doktors gelten. Die erwähnten »Extreme« gibt es nicht. Bei den Bewohnern unserer

Seite des Mondes herrscht offenkundig überhaupt nie Finsterniß; in Abwesenheit der Sonne erreicht sie das Licht der Erde, das in etwa dem von dreizehn Vollmonden gleichkommt.

Die gesamte zugrundeliegende Topographie steht, auch wenn sie sich auf Blunts Mondkarte beruft, im Widerspruch dazu und auch zu allen anderen Mondkarten, und sogar im Widerspruch mit sich selbst. Auch die Himmelsrichtungen sind in trauriger Wirrnis; dem Autor scheint nicht bewusst zu sein, dass auf einer Mondkarte die Himmelsrichtungen nicht mit denen der Erde übereinstimmen – der Osten befindet sich links.

Vermutlich in die Irre geführt durch die wenig präzisen Bezeichnungen früherer Astronomen für die dunklen Flecken auf der Oberfläche des Mondes *Mare Nubium, Mare Tranquilitatis, Mare Faecunditatis* etc. beschreibt Mr. L ausführlich und detailliert Meere und andere große Gewässer auf dem Mond; allerdings ist kein astronomischer Aspekt besser bewiesen, als dass solche Wasservorkommen nicht existieren. Bei der Betrachtung der Linie zwischen Licht und Dunkelheit bei Halb- oder Dreiviertelmond, ist immer eine gewisse Zerklüftung oder Rauhheit zu erkennen, wenn diese Linie über die dunklen Flecken wandert; wären Letztere aber flüssig, wäre diese Grenzlinie eindeutig zu sehen.

Die Beschreibung der Flügel der Fledermausmenschen auf S. 82 ist eine wörtliche Abschrift von

Peter Wilkins' Beschreibung der Flügel der Fliegenden Menschen. Man könnte meinen, diese einfache Tatsache hätte zumindest Argwohn hervorrufen müssen.

Auf S. 88 lesen wir folgendes: »Welch einen wunderbaren Einfluß muß unser dreizehnmal größerer Erdball auf diesen Satelliten ausgeübt haben, als er noch ein Embryo im Schooße der Zeit, der passive Gegenstand chemischer Verschmelzung war!« Das ist besonders schön; dennoch soll darauf hingewiesen werden, dass kein Astronom jemals etwas Derartiges von sich geben würde – und keinesfalls gegenüber einem »Journal of Science«; denn die Erde ist in diesem Sinn nicht nur 13, sondern 49 Mal größer als der Mond. Ein ähnlicher Widerspruch ergibt sich fünf oder sechs Seiten des Supplementheftes weiter, wo zur Einleitung bezüglich einiger Beobachtungen am Saturn der philosophische Berichterstatter einen sorgfältigen Schuljungenbericht zu diesem Planeten hervorbringen muss – ein sehr übergebührlicher Bericht könnte man meinen, da es sich bei der belehrten Einrichtung um das »Edinburgh Journal of Science« handelt.

Aber vor allem ein Punkt hätte die Fiktion unmittelbar entlarven müssen. Nehmen wir an, es gäbe tatsächlich die Möglichkeit, Tiere auf der Oberfläche des Mondes zu erkennen: – was würde in einem solchen Fall als allererstes die Aufmerksamkeit eines Beobachters von der Erde auf sich ziehen? Sicher sind es nicht Form, Größe oder andere Besonderheiten dieser Tiere, sondern ihre bemerkenswerte Position; der Eindruck würde entstehen, als gingen sie mit den Köpfen nach unten und den Füßen oben, wie Fliegen an der Zimmerdecke. Der wahre, mit Vorkenntnis ausgestattete Forscher hätte dieses Phänomen beschrieben, ehe er sich anderen Details zuwendet; der erdichtete Beobachter erwähnt diese Einzelheit nicht einmal, sondern spricht im Fall der Fledermausmenschen sogar davon, ihren gesamten Körper zu sehen, wo er doch nachweislich kaum mehr hätte wahrnehmen können als die offenkundig flache Scheibe ihrer Köpfe. Außerdem möchte ich an dieser Stelle anmerken, dass die Größe und vor allem die Kräfte der Fledermausmenschen (wie etwa ihre Flugfähigkeit in einer so ungewöhnlichen Atmosphäre – falls der Mond überhaupt eine besitzt) zusammen mit den meisten anderen Grillen hinsichtlich der tierischen und pflanzlichen Existenz, im Widerspruch zu allen entsprechenden Schlussfolgerungen zu diesen Themen stehen, und dass bei diesen Themen entsprechende Rückschlüsse oft zu den positivsten Beweisen führen können. Die Temperatur auf dem Mond liegt beispielsweise etwas höher als die von kochendem Wasser; folglich ist Mr. Locke ein schwerwiegender Fehler unterlaufen, indem er seine Fledermausmenschen, seine Bisonochsen, seine Vögel, das Wild aller Arten – von den Pflanzen ganz zu schweigen – nicht entsprechend dargestellt hat.

Es ist wohl kaum mehr nötig hinzuzufügen, dass die Verweise auf Brewster und Herschell zu Beginn des Schwindels über die »Durchströmung künstlichen Lichtes durch das Focalobject der Beobachtung« etc. etc. jener Art von metaphorischem Schreiben angehören, die wohl am angemessensten unter dem Begriff Geschwätz zusammenzufassen sind. Optische Entdeckungen am Himmel unterliegen einer sehr realen und eindeutigen Grenze der Natur, die lediglich anerkannt werden muss. Wäre es tatsächlich nur nötig, Linsen zu gießen, die groß genug sind, würde der Erfindungsreichtum der Menschheit für diese Aufgabe sicherlich genügen, und man könnte sie in jeder verlangten Größe erschaffen. Keiner der Herschells hat je auch nur von einem Spekulum mit sechs Fuß Durchmesser geträumt; und jetzt hat Lord Rosse dieses Wunder geschaffen. In der Tat gibt es kein physikalisches Hindernis, um Linsen mit 50 Fuß Durchmesser oder mehr zu gießen; dafür wären lediglich hinreichende Geldmittel und Geräte nötig. Aber leider steht in Proportion zur Größe der Linse, und folglich der raumdurchdringenden Kraft, die Verminderung des Lichts des observierten Objekts durch die Streuung der Strahlen. Und gegen dieses Unbill kennt der Mensch kein Mittel; denn ein Objekt wird allein durch das Licht sichtbar, ob direkt oder reflektiert, das von dem Objekt selbst abstrahlt. So wäre das einzige künstliche Licht, das Mr. Locke nutzen könnte, dasjenige, das er selbst imstande wäre auszustrahlen, nicht auf das *Focalobject der Beobachtung,* sondern auf den *Mond.* Es ist bereits unschwer nachgewiesen worden, dass, wenn das von einem Himmelskörper abgestrahlte Licht so diffus wird, dass es nicht mehr stärker ist, als das natürliche Licht der Gesamtheit der Sterne in einer klaren, mondlosen Nacht – dass dann der Himmelskörper für alle praktischen Anwendungen nicht mehr sichtbar ist.

Die einzigartigen Fehler, die ich nun zum besseren Verständnis erklärt habe, sollten uns die besten Gründe zum Staunen über den gewaltigen *Erfolg* dieser Zeitungsente geben. Nicht einer von zehn zweifelte sie an; besonders bemerkenswert ist, dass die Zweifler größtenteils diejenigen waren, die ihre Zweifel nicht begründen konnten – da in der Astronomie nicht bewandert –, Menschen, die nicht einfach an etwas glauben wollten, nur wegen der Neuartigkeit des Subjekts, das so ganz und gar außerordentlich schien. Ein würdiger Professor an einem College in Virginia – ein Mathematikprofessor noch dazu – erklärte mir ernsthaft, er hege *keinerlei Zweifel*, an der Wahrheit der gesamten Geschichte, und ließ sich endlich [...] erst überzeugen, dass es sich um einen Schwindel handelte, nachdem er meine eigenen, vorhergehenden Gedankenspiele gesehen hatte. Die immensen Auswirkungen auf die öffentliche Meinung lassen sich zum einen der Neuartigkeit dieser Nachrichten zuschreiben, zum zweiten dem die Fantasie entflammenden und die Vernunft unterdrückenden Charakter der angeblichen Entdeckungen, zum dritten der Raffinesse, mit der die Angelegenheit präsentiert wurde, und zum vierten der *vraisemblance* der Erzählung.

Erschienen 1848 in: »Literary America«

Bildnachweis
Leopoldo Galluzzo ***Altre scoverte fatte nella luna dal Sigr. Herschel,*** Napoli, 1836

– S. 34 – *Altre Scoverte Fatte Nella Luna*
– S. 41 – *Diligenza per la Luna*
– S. 56 – *Permaneza Nella Luna*
– S. 67 – *Diligenza de Ritorno Dalla Luna*
– S. 78 – *Scoperta Lunare*
– S. 92 – *Costumi Lunari*

Richard Adams Locke wurde 1800 in East Brent, England geboren. Er studierte an der Cambridge University und zog 1832 in die USA. In New York arbeitete er u.a. für den »Enquirer« und ab 1835 für die »New York Sun«. Locke starb 1871. Er war ein direkter Nachfahre des Philosophen und Vordenkers der Aufklärung John Locke.

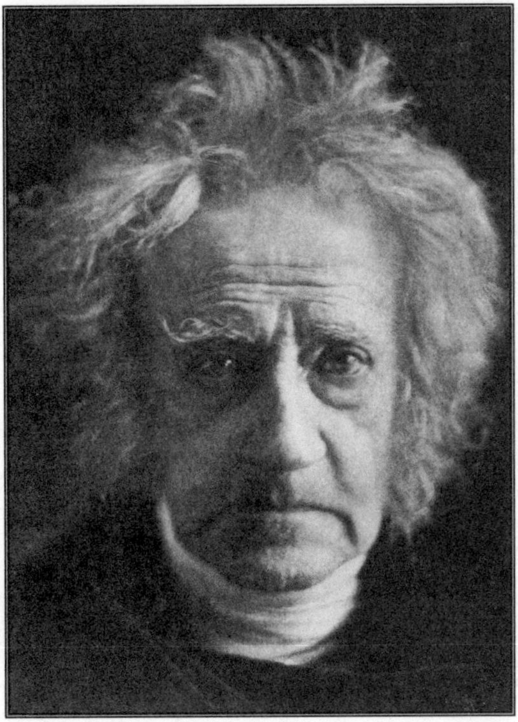

Sir John Frederick William Herschel wurde 1792 in der Nähe von Windsor geboren und starb 1871 in Kent. Herschel war der Sohn des Astronomen Wilhelm Herschel, der mit der Entdeckung des Planeten Uranus Weltruhm erlangte.

John Herschel kartografierte als Astronom den Himmel und entwickelte Teleskope. Bedeutend war er aber auch als Botaniker. Seine Forschungen beeinflussten Charles Darwin und flossen in dessen Evolutionstheorie ein. Einen Namen machte sich Herschel zudem durch die Entwicklung fotografischer Verfahren.

IMPRESSUM

Der Verlag Das Kulturelle Gedächtnis und der Druck dieses Buches wurden ermöglicht und unterstützt von

Heinz Hörner, Moritz Rauchhaus, Beate Swoboda, Helmut Wietz,
den Gesellschaftern des Verlages sowie einigen Ungenannten,
die im Dank eingeschlossen sind.

ISBN 978-3-946990-00-0
1. Auflage 2017

»mis en bouteille au château«

Übersetzung des Essays von Edgar Allan Poe: Marion Hertle, München
Übersetzung des Zeitungsartikels vom 31.08.1835: Gesine Schröder, Berlin
Korrektorat: Astrid Treusch, Berlin

Gestaltung und Satz: studio stg, Berlin
www.studio-stg.com

Druck und Bindung: CPI books GmbH, Ebner & Spiegel Ulm

Mehr zum Verlag auf
daskulturellegedächtnis.de